年轻人要懂点生活博弈

Nian Qing Ren Yao Dong Dian Sheng huo Bo Yi

◎ 杨少丹 编著

天津科学技术出版社

图书在版编目(CIP)数据

年轻人要懂点生活博弈/杨少丹编著.—天津:
天津科学技术出版社,2011.5
ISBN 978-7-5308-6347-3

Ⅰ.①年… Ⅱ.①杨… Ⅲ.①成功心理-青年读物
Ⅳ.①B848.4-49

中国版本图书馆 CIP 数据核字(2011)第 086723 号

责任编辑:范朝辉 李荔薇
助理编辑:郝建楠
责任印制:兰 毅

天津科学技术出版社出版
出版人:蔡 颢
天津市西康路 35 号 邮编 300051
电话(022)23332390(编辑部) 23332393(发行部)
网址:www.tjkjcbs.com.cn
新华书店经销
天津新华印刷三厂印刷

开本 710×1000 1/16 印张 15 字数 162 000
2011 年 5 月第 1 版第 1 次印刷
定价:29.00 元

前　言 *Preface*

人生如棋，总在不断的博弈当中进行；人生如画，每一幅场景都能展现一场博弈。

博弈并非人们所想象的那样神秘莫测，相反，博弈很平常，而且无处不在。无论是古代叱咤风云的帝王、争艳夺宠的嫔妃，还是笑傲江湖的英雄好汉、花前月下的才子佳人，又或者是当今征战商海的老板、按部就班的上班族，都无时无刻不在进行着博弈。当然，无论你是吃饭、穿衣、逛街，还是应聘、应酬、交际，抑或购物、售货、生产，也同样都在进行着一场场或明或暗的博弈。博弈无处不在、无孔不入，既像一个甩不开的橡皮糖，又像一个时刻向你伸出援手的老友；既逼迫你每时每刻都要作出推理、作出选择，又会无条件地帮你解决生活、工作的难题。

博弈是一门科学，它有着众多经典的理论，能让你在身处困境时找到科学的解决办法；它有着丰富的内涵，能让你徜徉其中，流连忘返；它很睿智，能够在恰当的时候给你最佳的提议，也能够在常理思维无法突破时给你指出一条成功的捷径。博弈还是一门艺术，它源于生活，又高于生活，透着超脱世俗的高贵。

不可否认，博弈还是一种智慧、一种修为、一种策略，一把为你打开成功之门的钥匙……

博弈既是竞争，也是合作，它既可以帮你在明争暗斗、尔虞我诈间赢得先机，也可以助你在与同伴或团队并肩作战、荣辱与共时实现双赢。

与生活博弈，你要做好最充分的准备：你要足够冷静，临危不乱；足够勇敢，勇于创新；足够耐心，瞻前顾后；足够霸气，该强则刚。

面对困境不低头，面对诱惑不上当，面对危险不慌张，面对敌人不怯弱，只要做到这些，你就是博弈高手，就能在生活中轻松惬意地享受博弈带来的乐趣。

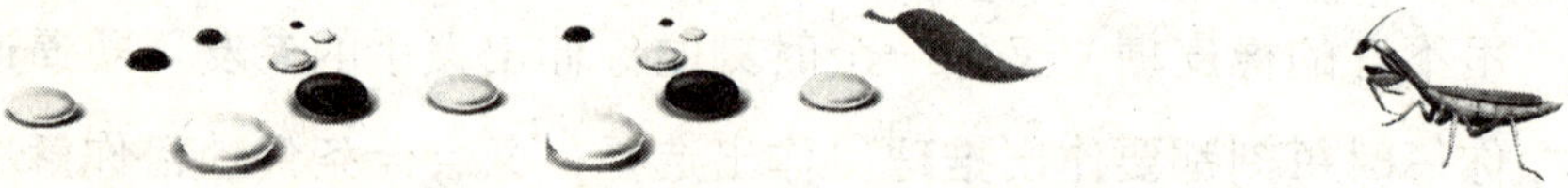

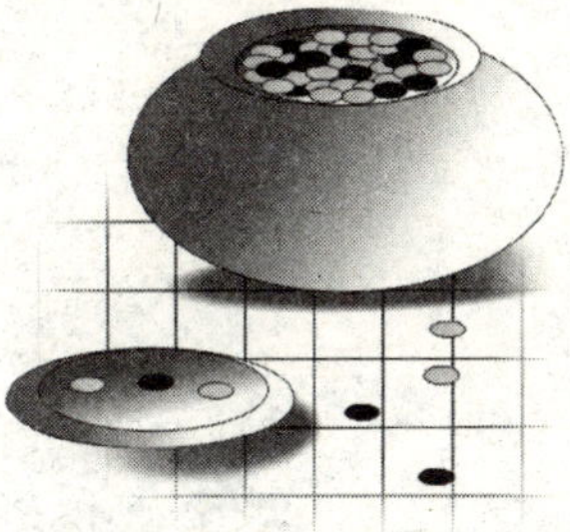

目 录

Contents

第 1 章 *Chapter One*

生活处处皆博弈

第 2 章 *Chapter Two*

脏脸博弈：知彼，更要知己

第 *3* 章 *Chapter Three*

智猪博弈：天下有免费的午餐

第 *4* 章 *Chapter Four*

囚徒困境：如何走出两难境地

第 *5* 章 *Chapter Five*

斗鸡博弈：以退为进的处世哲学

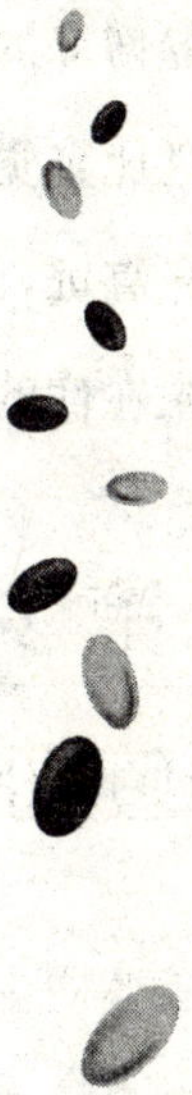

第6章 *Chapter Six*

信息博弈：酒香也怕巷子深

第7章 *Chapter Seven*

猎鹿博弈：以合作实现双赢

第1章

Chapter One

生活处处皆博弈

人的一生要经历无数博弈，我们上哪一所学校，选择什么专业，购买哪里的房子，做什么样的工作，和什么样的人结婚；甚至走哪条路，说什么样的话，开什么样的车等，都贯穿着博弈。只要用点心，你就会发现，生活处处都存在着博弈。

博弈无处不在

人是现实存在于社会的，人的每一个交流、每一个行动，都要受制于社会环境，并通过其体现出来。人没有独立存在的可能，人一生中无数次的选择，都是跻身社会大家庭的博弈。

每个人都是社会的一员，无时无刻不在与周围的环境或者其他成员发生着关系，而人的每一个行动或者选择，又都是在进行着一场生活的博弈。比如，每天上班的时候选择走哪条路会更近，使用哪种工作方法能够更快地完成任务，甚至下班后和同事到哪里吃饭更实惠且尽兴，等等。这些看似十分平常的选择，其实都是生活博弈的表现。选择什么样的方式，能够更加符合自己的需要，使自己更接近优势地位，这就是无处不在的生活博弈。

小惠每天上班要坐两小时的公共汽车，中间还要倒一次车。这样算下来，小惠每天在路上就要花去四小时。一次，小惠在公司加班一小时，这天她坐车回家时，发现已经过了交通高峰期，一路上畅通无阻，只用了70分钟就到家了。虽从公司出来的时间晚，小惠到家的时间却和平时相差无几。这样，小惠就有了两种选择：一是早上早出门、晚上晚回家，这样每天能节省将近两小时的时间，可以用来做更多的事情，并且车上不会太过拥挤；二是每天正常时间出门、回家，这样到家时间虽然不晚，但却把时间更多地耗费在了路上。相比之下，当然是前者更加划算一些。所以小惠改变了以往的坐车策略，并将多出来的时间全部用在了处理公司的事务上。毫无疑问，小惠的工作态度得到了领导的高度肯定。

这样的事情似乎每天都在我们身边发生，我们总在试图寻找着最佳的乘车路线、质优价廉的商品以及最佳的工作方式等，其实这便是我们进行的一场场大大小小的博弈。一个人快乐与否、做事是否成功，往往都与其选择有关。

一个小女孩失去了自己心爱的小狗，当她走到窗前，看到爸爸正在挖坑准备埋葬那条小狗时，她想起了自己和小狗朝夕相处的欢乐场景，心中不由得十分难过，眼泪也跟着掉了下来。小女孩的爷爷看到这幅场景，便拉着她来到了另一间屋子的窗前，小女孩透过窗望出去，发现外面开满了漂亮的花朵，还有很多五彩的蝴蝶在花间飞舞，她不禁破涕为笑。爷爷告诉小女孩，世界上有很多事情不能由自己做主，比如自己心爱的伙伴会离自己而去等，但是自己的心情却全然掌握在自己的手中，只要能看到生活美好的一面，就能将自己不快的心情挥散而去，转而变得心情愉快。爷爷说：不同的心境在于自己不同的选择。而这，也是每个人一生当中最基本的博弈。

由此来看，博弈的确是与我们息息相关的，它融入了我们每天的生活当中，既由我们作出选择来控制，又能决定我们的生活状态或质量。

我们每天都会面临的一个问题就是买菜。通常居住地附近会有很多超市，或者在同一个菜市场中有很多个卖菜的小商贩，那么，我们究竟是选择每天逛超市，还是就在楼下的小贩手中购买日常的蔬菜呢？一般来说，超市的蔬菜要新鲜一些，而小商贩的蔬菜则不尽然了。因此，从这个角度来说，当然是到超市购买蔬菜要合适一些。但是，大型超市往往离家会有一段距离，若每天都去，远不如到近在咫尺的楼下菜市场方便。从这点来说，超市和菜市场二者又具有不同的优势。因此，这对于每个人来说都是一种抉择，我们每天选择不同的买菜方式，收到的是不同的效果。有时可能节省了时间，得到了充分的休息，但却不能享受到更新鲜、美味的晚餐；但如果吃到了可口的饭菜，也许就要牺牲一定的休息时间。如何选择，就是消费者的博弈了。

另外，即使都是从菜市场里买菜，也可能收获两种不同的结果。以菜市场所有的小贩都贩卖新鲜的蔬菜为假设，每个小商贩的出售价格可能又多多少少有所不同，某家平时可能贵几毛钱，哪天也可能会因为某些原因降低价格，甚至比其他的商贩都低。这时，如果顾客在犹豫，小贩通常都会说自己家的菜不错，附近的顾客都来这里购买等，这时消费者就可能信以为真，掏钱买下了。从这方面来讲，这又是小商贩的博弈了。

日常买菜的小事尚且如此，购房、租房等大事就更离不开博弈了。大城市的房价贵得惊人，很多年轻的白领没有足够的能力购房，或者一旦选择购房就要将自己的生活标准降到底层，于是他们中的一些人选择长期租房居住。这其实也是一种博弈，是一种观念和生活状态的选择。选择租房住的人，看重当下自己的生活质量，以享受正常的、物质丰富的生活为目的，拒绝背上“房奴”的负担。租房固然有其优势，比如不用支付高昂的首付，不用每月为了还贷款节衣缩食、降低自己的生活标准，同时还可以根据实际需要随时搬家；但反过来讲，从中国人强烈的“家”的观念和归属感来看，买房则又有着不可替代的意义，同样被很多年轻人追捧。如何定位自己的生活状态，全由年轻人的心态决定，是一种典型的选择生活状态的博弈。

从一个人降生到其离开这个世界，时刻都在与社会相联系，而这种联系，实际上也就是每时每刻都在同社会进行博弈。因此，一个人的一生，随时都要经历博弈。

决胜宝典

博弈已深入到我们的生活当中，我们随时都在进行着博弈，因此，可以说我们的生活就是博弈的生活，只有在博弈当中作出了正确的、最适合自己的选择，才能让自己在生活中更快乐，在奋斗的道路上更接近成功。

博弈并非神秘莫测

提起博弈，很多人会觉得神秘莫测，似乎离我们很遥远。其实，博弈很平常，而且就存在于我们的现实生活中，我们每天都在与其打交道，博弈的各个构成要素在我们身边都有所体现。

博弈其实就是一种对策，是指在一定的游戏规则约束下，基于直接相互作用的环境条件，各参与人依靠所掌握的信息，选择各自的策略或行动，以实现利益最大化和风险成本最小化的过程，简单说就是人与人之间为了谋取利益而竞争。

博弈广泛地存在于社会群体之间、群体与个人之间以及个人与个人之间。从狭义上讲，博弈由三个基本要素组成。一是决策主体，又可称为参与人、局中人或博弈方，指的是博弈中能独立决策、独立行动并承担决策结果的个人或组织。决策主体没有具体的范围限制，小到一个人，大到一个跨国公司乃至一个国家，只要能独立决策和行动，都可以成为博弈方，形成决策主体。二是给定的策略空间，就是信息结构，又叫策略集，指参与人可选择的策略和行动空间，是可选择策略的集合。每一个策略都对应一个相应的结果，因此每个博弈方可选择的策略数量越多，博弈就越复杂。三是效用，是可以定义或量化的参与人的利益，也是所有参与人真正关心的东西，又称偏好或支付函数。上述参与人、策略空间和效用三个要素就构成了一个基本的博弈。

拿一个最简单的例子来看。

小时候我们都玩过“石头剪子布”的游戏。在这个游戏中，每个小朋友都是一个决策主体，他们可以完全决定自己做出什么手势，并独立承担输赢结果。每个小朋友所做出的手势，则是这场博弈中的信息，每个手势都会给自己带来一定的后果，或者是输，或者是赢。无论后果如何，都要小朋友自己来承担，通常这场博弈都会有一个游戏本身之外的赌注，如输者要在接下来的游戏中扮演反面角色或者配角等，而这个结果也自然都由决策方自己来承担。

广义上，根据博弈论学者的观点来看，比较完备的博弈应该包括五大要素，即博弈的参与者、博弈信息、博弈方可选择的全部行为或策略的集合、博弈的次序、博弈方的收益。下面我们具体来分析。

博弈的参与者就是决策主体，这是博弈游戏的第一要素。在一场博弈中，每一个享有决策权利的参与者都被称做局中人。当只有两个人参与的时候，这场博弈被称为“两人博弈”；有两个以上的人参与时，则被称为“多人博弈”。

博弈的第二个构成要素是博弈信息。从信息的对比角度来讲，博弈又分为完全信息博弈和信息不对称博弈。完全信息博弈是指在每个参与者对所有其他参与者（对手）的特征、战略和支付函数都有精确了解的情况下所进行的博弈。当然，这种博弈只是一种理想状态，在现实生活中，很少有这样信息完全对称的博弈存在，而绝大部分是博弈双方掌握的信息量不同，也就是信息不对称博弈。在博弈中，信息起着至关重要的作用，局中人作出决策的优劣往往由其掌握的信息所决定。决策主体掌握的信息越多，其作出正确决策的可能性就越大，最终获益的可能性也就越大。

博弈方可选择的全部行为或策略的集合即策略空间，也叫策略集。在这个空间中，每一个策略都对应相应的结果，供博弈双方选择的策略数量越多，博弈就越复杂，同时也越困难。决策主体都会尽可能地选择切合实际的可行方案付诸实施，并在实施过程中对方案不断进行调整，以便统筹全局。一般来说，如果在博弈中，决策主体的可选择策略明显有限，则这场博弈为“有限博弈”；如果决策主体可选择的策略带有明显的不确定性，那么则称为“无限博弈”。如某人想拿自己的一部分资金做投资，那么他面对股票、基金、国债、外汇等就可能有无数种选择——既可以选择其中一种，又可以将资金分散开来，同时投资两种或多种；而假定其选择了股票，那么在具体买哪只股时又会有无数种可能，这就是一场“无限博弈”。而当已经投入某只股票，且该股连续下跌时，就又会产生一场“有限博弈”，即要么选择退出止损，要么继续持股待涨。

博弈的次序也是一个重要构成要素，即博弈双方在决策时有先后之分，且在具体过程中还会不时对所作策略作出调整。策略的次序和实施时间不同，必然会对博弈的结果造成一定的影响。最典型的例子是下棋，对弈的双方必然是一先一后地依次作出决策，而这种次序则对棋局有着关键的影响。

博弈最后一个构成要素是博弈方的收益。在每一场竞争或游戏结束时，参与者都会有自己的得失。博弈论按照博弈过程中是否有一个共同的约束力的协议可分为合作博弈和非合作博弈。现在博弈论研究的主要是人与人之间的竞争，也就是非合作博弈。因此，博弈方都希望最大限度赢得收益。但有时我们也会参与到一些合作博弈当中，如挑选伴侣、到公司上班等。这时，我们就要采取有异于非合作博弈的策略，以达到共赢。

由此看来，博弈并非离我们很遥远，也绝不是神秘莫测的东西，相反，它就在我们身边，且我们每个行动、每个生活信息可能都是其构成要素。

决胜宝典

博弈的构成要素十分容易理解且贴近我们的生活，并且各个要素之间都是相互关联的，如决策直接影响博弈结果等。因此，我们在实际博弈中，要注意根据不同的情况采取不同的策略，以最大限度地使结果满足自己的需要。

收益平均的纳什均衡

在现实博弈中，每个决策主体都不会单纯考虑自己的行动，而是多半先揣测对方的决策行为，然后再作出决定。如此一来，博弈结果就很可能在相互揣摩中达到平均状态，这就是纳什均衡。

纳什均衡又叫做非合作博弈均衡，是以美国著名数学家、经济学家约翰·纳什的名字命名的。所谓“纳什均衡”，是假设有数人参与博弈，且每个决策主体要作出的策略是一定的，其能够选择自己的最优策略，使自身利益最大化。在这样的前提下，将所有决策主体所选出的策略构成一个策略组合，这种最优策略组合就是纳什均衡。也就是说，当别人给定策略时，任何一个决策主体都不会打破这种均衡组合，因为那并不会给自己带来好处，反而可能给自己造成更大的损失。这样一来，每个决策主体的行为就可能达到最大程度的一致，且最终博弈结果也相应地达到某种平均。

漂亮女孩无疑是人见人爱的，对于男人来说，在可能的情况下都乐于选择漂亮的女孩来追，但现实中却有很多“漂亮女孩没人追”的尴尬，这就是纳什均衡的效应。

有两个单身男孩和三个单身女孩，其中两个女孩长相普通，而另外一个十分漂亮。这时，两个单身男孩毫无疑问都想追到那个漂亮的女孩，但是两人也会在心中计算一下成功的概率。最后他们往往会不约而同地得出这样的结论：两人都去追漂亮女孩的话，那么漂亮女孩很可能由此心高气傲，两个都不答应。这时如果两人再转而去追普通的女孩，则那两个普通女孩有可能因为自尊心受损而拒绝，这样，自己只能一无所获。而如果自己一开始就追普通的女孩，那么其很可能会欣然同意，这时自己受益的可能性就更大一些。当这样分析过后，两人就会分别选择普通的女孩去追求，那么自然就留下漂亮女孩独守角落，无人问津，而两个男孩则达到了收益平衡。

纳什均衡的关键意义或者存在基础在于，决策主体合作是有利的“利己策略”。它必须符合以下黄金定律：按照你愿意别人对你的方式来对别人，但只有他们也按同样方式行事才行，也就是中国人说的“己所不欲，勿施于人”，但前提是“人所不欲，勿施于我”。

有两兄弟，哥哥十岁，弟弟八岁，两人都非常顽皮。一天，妈妈发现家中的花瓶被打碎了，便怀疑是兄弟两个打闹时碰掉的，于是分别对两人进行了盘问，并给出以下选择：如果两人都承认，则罚两人三天不许出去玩；如果两人都不承认，则罚两人一天不许出去玩；如果一人承认而另一人否认，则承认的人不受罚，否认的人被罚五天不能出去玩。这样一来，兄弟两人都在心里打起了小算盘，两人都认为最佳的结果当然是都不承认，只被约束一天就可以了。但实际上两人都对对方没有信心，害怕对方会出卖自己，一旦真的发生那种情况，则对方不受罚，自己却要单独被约束五天。于是保险起见，两人都承认了自己的错误。这样，两人都被关了三天。

其实在这场博弈中，两人本来都希望“己所不欲，勿施于人”，达到双方的共赢，但又害怕“人施于己”，造成单方面的“惨败”，于是最终选择了非合作决策，从而得到了最不理想的“共输”结局。

从这里我们可以看出，在纳什均衡里，决策主体都认为自己选择了最佳的、最保险的策略来战胜对方，觉得自己的决策是对自己最有利的，但事实未必如此。两人在互不知情的前提下，每个人只从单方面考虑来选择有利决策，那么始终难以达成某种共同利益标准，最终的局面就只能是“双输”。

如今随着商界的繁荣发展，我们身边常会产生商家之间的“价格战”，比如家电大战、食品大战等。商家降价无疑是为了获取更大的利润，但因为存在“你家降了我家不降就无人买”的心理，一家商家的价格下降往往会带来整个行业的降价，最终商家还是没有从中捞到好处，反而落得无利可图，受益的只能是消费者。这也是纳什均衡带来的负面效应。

在2008年上半年的“系统分析师考试”中有这样一道考题：“甲、乙两个独立的网站都主要靠广告收入来支撑发展，目前都采用较高的价格销售广告，这两个网站都想通过降价争夺更多的客户和丰厚的利润。假设这两个网站在现有策略下各可以获得1000万元的利润。如是一方单方降价，就能扩大市场份额，可以获得1500万元利润，此时，另一方的市场份额就会缩小，利润将下降到200万元，如果这两个网站同时降价，则他们都将只能得到700万元利润。问这两个网站的主管各自经过独立的理性分析后会如何决定？”懂得纳什均衡的考生在仔细考虑之后应该都会选择“甲、乙两家都降价”，因为两家都想获得更高的利润，同时也担心对方降价而先降以自保，而这两家最终的结果只能是利润较之前都有所降低。

决胜宝典

纳什均衡是一种非合作博弈，决策主体的最终收益远不如合作来得丰厚。因此，决策主体应尽可能地选择合作，使双方信息共享，从而同时得到最大收益；而在无法合作的情况下，也要充分考虑对方可能作出的决策，同时采取相应措施，使损失降到最低。

智者能方更能圆

方是一种做人的原则，是一个人能力的体现，是走向成功的重要手段；而圆则是一种智慧，是一个人生存的必要方式。一个聪明的人应该能方更能圆，这是“大丈夫能伸也能屈”的体现，也是立于不败之地的最好武器。

中国人讲究方正，做人要方方正正，有自己的原则，有鲜明的正义感，这是一种值得赞扬的精神，是做人要坚守的初衷。但是，有时我们大可不必将这种原则时时提到表面上来，不论何时都要求身边的人或事如自己所想的一般运行，这样做，不仅容易触犯到别人的办事规则，还有可能伤到他人的自尊，甚至将原本和谐的局面搞砸。其实，很多时候，在不影响大局或者不侵犯自己原则的情况下，我们大可以将话说得圆滑一些，将行动做得和缓一些，争取在不违背本心的前提下，使周围的人都高兴，以达到两全其美的效果。

从古代开始，中国人就讲究中庸之道，很多智者懂得甚至崇尚在人前圆滑行事，结果总能将事情办得圆满，避免惹祸上身。

武则天大周朝有位宰相叫苏味道，为人十分圆滑，因而有“模棱手”的雅号，他有一句名言，十分精准地道出了自己的行事技巧：“处事不欲决断明白，若有错误，必贻咎谴。但模棱以持两端可矣。”苏味道正是抱着这样的信念，才得以在朋党勾结、黑暗危险的官场中站稳了脚跟。

明代徐祯卿所著的《剪胜野闻》中有这样一则故事，可以成为“圆滑”一词的最好批注。

明代时，明太祖朱元璋命令宫廷画师周玄素在宫殿的墙壁上画一幅“天下江山图”。周玄素深知曾有很多画师为朱元璋画江山图，因为画得太像而被杀头，便不敢下手。他思索片刻，对朱元璋说：“臣不曾游遍九州岛，不敢奉召。请陛下先草创一个规模，臣然后稍作润色。”

朱元璋闲暇时本就喜欢吟诗作画，此时听周玄素这样一说，也来了兴致，于是当即挥毫泼墨，绘出了草图。大势初成后，朱元璋退后数步，一边自我欣赏，一边命令周玄素：“可为朕润色之。”周玄素灵机一动，答道：“陛下山河已定，岂可动摇？”朱元璋听后心里十分高兴，并没有怪罪周玄素抗旨，而是一笑作罢。周玄素的做法之妙在于，他领会了朱元璋的心理，即希望后世永坐江山，害怕有人觊觎自己的万里山河。因此，一旦有人画得像，说明其对江山了如指掌，朱元璋就会对其产生怀疑，想方设法将其处斩。而皇命不可违，不画也是行不通的。周玄素巧妙避祸，既保全了自己，又哄得朱元璋十分开心，可谓圆滑处世的成功典范。

对于圆滑处世，乾隆年间的纪晓岚就作过一个很好的解释，他认为做人要“处世圆滑、内心中正、不同流合污而为人谦和”。纪晓岚认为，人要有一定的原则，但这种原则可以放在心中，而在具体行事时，则可以适当地表现出圆滑的态度，对于可以忍让的事情，尽量与人方便，宁愿自己退却一步，也不可事事逞强，最终落得两败俱伤的下场。

清代中期流传着一个“六尺巷”的故事。当朝宰相张英与一位叶姓的侍郎都是安徽桐城人，并且毗邻而居。两家都要建造房屋，因此两家人便因为地皮发生了争执。争执不下时，张老夫人写了一封书信给在京的张英，让其出面干涉。谁知张英看到书信后，并没有做出任何行动，而是回了一封打油诗给张老夫人：

“千里家书只为墙，让人三尺又何妨？万里长城今犹在，不见当年秦始皇。”张老夫人见到书信后，也觉得自己有些小题大做，于是马上将墙退后三尺。而原本气势汹汹的叶家，此时觉得有些惭愧，也把墙退后了三尺。于是，张、叶两家的院墙之间便形成了六尺宽的巷子，“六尺巷”的故事也流传了开来。

一场原本以为会大动干戈的争执，由于张英不过分刚硬、懂得圆滑善事而避免了，也就有了最终两家握手言和的结局，这符合博弈学中最完美的“双赢”结局。如果博弈中没有一方肯圆滑退让，那么最终就极有可能导致两败俱伤的局面发生。

圆滑不仅在古代人中能够产生巨大的正面影响，在当代社会人与人的交往中更是不可或缺的。现实生活中，我们难免会遇到一些不尽如人意的事情，但如果一味地事事求真或者较劲，那么最终不仅会得罪对方，还可能为自己埋下隐患。相反，如果肯圆滑处之，在适当的时候采取缓和退让的态度，那么自己的人生路将会因此平坦许多。

歌德有一次在公园散步时，迎面走来一位曾经对他作品提出过尖锐批评的批评家。当两人走近时，批评家丝毫没有让开的意思，反而站在歌德面前大声嚷道：“我从来不给傻子让路！”歌德却笑着回答道：“我却恰恰相反。”接着让到了一边。如果换了别人，在自己被人大声喊为“傻子”时，一定会怒火中烧，双方互不相让，最终难免大打出手，而心胸开阔的歌德，则用礼让的态度避免了一场无谓的争吵。这种圆滑处世的态度，对当今很多年轻人都具有指导意义。

圆滑是一种智慧的处世态度，它教人用达观的态度对待人和事物，使人在窘境下也能够保全自己，并且不得罪他人。

决胜宝典

圆滑并非虚伪，而是一种成熟、理智的处世态度。只方不圆的人不懂得灵活变通，是办不好事情的。同样，圆滑也不是徇私舞弊、投机取巧，它只是教你以一种平和的心态对待一切，在不动声色中取得博弈的胜利。

负和、零和与正和博弈

既是博弈，那么博弈方就有胜有败，有时是几个博弈方同时遭遇损失，有时是你输我赢，有时也可能是共同受益。这便是博弈学根据博弈结果划分出的负和、零和、正和博弈。

所谓负和博弈，是指双方冲突和斗争的结果，是所得小于所失，就是我们通常所说的其结果的总和为负数，也就是一种两败俱伤的博弈，博弈方都有不同程度的损失。

比如，在生活中，家人之间常常为了看哪个电视节目而争论，丈夫可能偏爱足球，而妻子喜欢言情电视剧，孩子可能吵着要看动画片，老人则希望看戏剧频道。如果这些人都不懂得互相谦让，最终的结局很可能是关掉电视，宁愿自己不看，也不能让别人看。这便是一种几败俱伤的结局，这场博弈的结果总体来说就是一个“负数”，也就是博弈方都没有得益。

从大的方面来说，军事战争都属于负和博弈，因为一般来说，打仗的双方都要消耗很多的人力和财力，即使最后打着胜利的旗帜而归的那一方，也必然损失了很多不必要的资源。

由德、日、意三个法西斯国家发动的长达六年之久的第二次世界大战，是一场规模空前的战争，给世界上的人们带来了巨大的灾难。在此期间，共有61个国家和地区先后卷入了战事，总人口达20亿以上。战争的结果是世界反法西斯的人民获得了最后的胜利，这种结局固然是好的，但官方统计的伤亡数字却令所有人叹息。

军民死亡人数超过5500万，受伤人数达1.3亿，伤亡总数达1.9亿，其中，平民死亡约有2370万人。在盟军中，苏联军队死亡890万，中国军队死亡148万，英国军队死亡38万，美国军队死亡38万。法西斯国家也伤亡惨重，德国军队伤亡达1170万，其中士兵死亡600万人以上，日本军队伤亡人数也超过了216万。

负和博弈是一种非合作博弈，在相处的过程中，由于交往双方为了各自的利益或者占有欲，而不能达成相互间的统一，使交际产生冲突和矛盾，结果是交际的双方都从中受到损失。因此，我们在生活中要尽量避免这种不明智的负和博弈行为的产生。

零和博弈又称“零和游戏”，是指参与博弈的各方，在严格竞争下，一方的收益必然意味着另一方的损失，博弈各方的收益和损失相加总和永远为“零”。双方不存在合作的可能。

零和博弈也是一种非合作博弈，但与负和博弈“博弈方均受损”不同的是，零和博弈必然有一方获胜，一方失败，或者两方打平，总之最终的收益与损失之和为零，而不为负数或正数。因此也可以说，零和博弈中，任何一个博弈方的幸福都是建立在对方的痛苦之上的。胜利的一方是损人利己的。零和博弈的结果是一方吃掉另一方，一方的所得正是另一方的所失，整个社会的利益并不会因此而增加。

零和博弈典型的例子是下象棋。大多数情况下，对弈的双方总会有一个赢、一个输，如果我们把获胜方的收益计算为1，失败方的收益计为-1，那么整个博弈的最终结果就是1+（-1）=0。这种零和博弈也可叫做“零和游戏”，其结果正符合“零和游戏”的基本内容：游戏者有输有赢，一方所赢的正是另一方所输的，游戏的总成绩永远是“零”。

股市交易也是一种零和博弈。人们在股海中打拼，总是希望自己能够赢得胜利，从而获得可观的收益。然而，每当有人在炒股过程中获利时，也意味着同时有一个或者几个人在这场博弈中输掉了财产，且其输掉的和胜利者赢得的相等。

无论在日常生活还是在经济生活中，人们都对零和博弈的原理十分关注，这是因为，人们总能发现，胜利者的光荣背后总是隐藏着失败者的辛酸。从个人到国家，从政治到经济，似乎无不验证了世界是一个巨大的“零和游戏”。根据零和理论，很多人认为世界就是一个封闭的系统，财富、资源和机遇都是有限的，个人、地区或国家的收益必然要以其他个人、地区或国家的损失为基础，于是人们将这个世界定义为“弱肉强食”的世界。

但在20世纪人类经历了两次世界大战之后，经济有了高速的增长，在科技进步、全球化以及日益严重的环境污染之后，人们的零和博弈观念正在逐渐被“双赢”观念所取代。人们开始意识到，自己的收益不一定要建立在“损人”的基础上，而是可以通过合作的方式，达到共同受益、皆大欢喜的结局。这便是当今的趋势——正和博弈。

正和博弈也称做合作博弈，是指博弈双方的利益都有所增加，或者至少是一方的利益增加，而另一方的利益不受损害，因而整个社会的利益有所增加。合作博弈研究人们达成合作时如何分配合作得到的收益，即收益分配问题。合作博弈采取的是一种合作的方式，或者说是一种妥协。妥协之所以能够增进妥协双方的利益以及整个社会的利益，就是因为合作博弈能够产生一种合作剩余。这种剩余就是从这种关系和方式中产生出来的，且以此为限。至于合作剩余在博弈各方之间如何分配，取决于博弈各方的力量对比和技巧运用。因此，妥协必须经过博弈各方的讨价还价，达成共识，进行合作。在这里，合作剩余的分配既是妥协的结果，又是达成妥协的条件。

我们都听过龟兔赛跑的故事。小兔子知道乌龟的爬功与自己的飞腿功力根本无法相比，于是它在比赛的途中睡了一觉。本以为醒来还能做冠军的小兔子没想到等它到达终点时小乌龟早就到了，因此到手的冠军白白被小乌龟夺走了。其实现在早就有了新版龟兔赛跑的故事，尤其运用在经济学上。在高效运转的现代经济社会，时间就是一切，效率高于一切。小乌龟爬不到时间效率的门口，在信息化时代面前惊慌失措地踽踽独行；小兔子跳不到时间效率的门口，在阻碍它前行的小河边急得团团转。当乌龟遇到小兔子之后奇迹发生了，小乌龟驮着小兔子过了河，过河后小兔子将小乌龟放到背上一路疾驰狂奔，赶到了时间效率的门口。这便是新版的龟兔赛跑，是一种“双赢”，也就是所说的正和博弈。正是小乌龟与小兔子的合作，使它们双方的利益均有所增加。正和博弈，正是现代人们所追求的，也是现代社会发展的趋势。

决胜宝典

从“零和博弈”走向“正和博弈”是人们乐于看到的局面，也是当今社会发展的一个重大趋势。但在正和博弈当中，不仅需要双方的合作，还要求合作方有真诚的态度以及对彼此的信任，如果有一方企图占有别人的利益，那么这种正和博弈的局面就无法实现。

第2章
Chapter Two

脏脸博弈：知彼，更要知己

俗话说：“知己知彼，方能百战百胜。”但是，有时候我们往往过于重视了解对方，而忽略了认识自己。要知道，自己的状态需要完全暴露在对方面前，如果对方知而不自知，岂不是很大的危险？因此要记住，知彼之前，一定要知己。

恍然大悟的博弈

很多人在生活中会以身边的人为参照物，以为经历、身份大致和自己相同的人，其现状必和自己相似，因而常常以对方来推论自己。其实，人除了能真正看清自己之外，其他的参照物都是看不准的。

爱因斯坦的父亲是一个非常有智慧的人，且总能将深刻的道理用浅显的事例表达出来。一天晚上，他对贪玩的小爱因斯坦讲述了这样一件事：一次，爱因斯坦的父亲和杰克大叔一起去清扫一家工厂的大烟囱，由于烟囱非常高，所以两人必须要踩着烟囱里面的钢筋踏梯才能上到顶端。两人前进时，杰克大叔在前面，爱因斯坦的父亲在后面，二人抓着烟囱里面的扶手小心翼翼地向顶端爬去。清扫完大烟囱后，二人又依原路返回，依然是杰克大叔在前面，爱因斯坦的父亲在后面。

二人爬出烟囱后，产生了一个奇怪的现象：走在前面的杰克大叔的后背和脸上都被烟囱里的煤灰蹭脏了，看上去黑兮兮的；而爱因斯坦的父亲脸上和后背却都干干净净的，没有留下脏物。但是，这时二人却都用错了参照物，二人都认为对方和自己刚才走过的地方相同，对方的现状就是自己现在的样子。于是，爱因斯坦的父亲以为自己的脸很脏，于是走到河边准备洗脸，却在倒影中发现自己的脸是干干净净的；而杰克大叔误以为自己的脸像爱因斯坦父亲的脸一样干净，便没有到河边去清洗，而是直接带着一脸的煤灰走到了街上。街上的人们看到杰克大叔又脏又黑的脸和后背，还以为他是个疯子。

爱因斯坦听到父亲讲的故事之后，笑得眼泪都流了出来。这时，父亲郑重地说道："在你生活和成长的过程中，没有人能够做你的镜子，只有你自己才是自己的镜子。如果总拿别人当镜子，那么白痴也会认为自己是个天才。"爱因斯坦听完父亲的话后恍然大悟，不禁羞愧地红了脸。从那以后，爱因斯坦远离了那些贪玩的孩子，时刻以自己为镜子来审视自己，最终为人类科学事业作出了巨大的贡献，也成就了自己光辉灿烂的人生。

现实生活中，很多时候我们不能用旁人的标准来衡量自己，因为那往往得不到最佳的答案。我们应该严格审视自己，正确定位自己，以不断调整自己达到最佳的状态。

从这个故事中，我们还可以引申出"公共知识"这样一个概念。简单来说，公共知识就是指对于某个事实来说，一个群体的每个人不仅知道这个事实，而且每个人都知道该群体的其他人知道这个事实，并且其他人也知道另外的每个人都知道这个事实……这涉及一个无穷的知道过程。

博弈论中关于公共知识有这样一个经典的博弈案例：脏脸博弈。在一间屋子里坐着三个人，他们之间不允许说话。这时一个美女走进来，对三人说："你们当中至少有一个人的脸是脏的。"三个人听到这句话后略微看了彼此一眼，并没有反应。美女又说："你们知道吗？"这时三个人再次互相看去，顿时明白了，脸都红了。这是为什么呢？

原来，美女在宣布至少有一张脸是脏的时，如果只有一张脸脏，那么脏脸的那个人看到两张干净的脸时就会马上脸红。这时所有的参与者都知道，如果仅有一张脸是脏的，那么那人就一定会脸红。而在美女第一次宣布时，三个人都没有反应，则说明每个人都至少看到了一张脏脸，那么可以推出这三个人中至少有两张脸是脏的。而在美女第二次提醒时，三人又会进一步想：如果有两张脸是脏的，那么两个脏脸的人各自看到一张干净脸，也都会脸红，而这时如果依然没有人脸红，那么所有人都会知道三张脸都是脏的。因此，在三人第二次互相打量时，就都会红了脸。

这个脏脸博弈是博弈学中著名的理论。在这当中，三个脏脸的人也是通过公共知识才最终知道了谁的脸脏。一开始，每个人都可以看到对方的脸是否脏了，但是这时他们每一个人的信息都没有公开，不知道对方所知道的信息，因此这时没有公共知识。而美女的话正好让三个人所知道的信息公开化了，脏脸就成了他们的公共知识。

由此可见，公共知识的作用是不可忽视的，它一旦发挥作用，就会显得无比强大而可怕。在博弈之前，博弈方往往已经在私底下根据公共知识推断过了对手的实力，甚至计划好了将对手置于死地的谋略。而由于公共知识的"公共性"，很可能对方也预料到了这一点，于是同时杀来，这样最终只能形成双死的局面。

但在现实中，并非所有的博弈都会有“美女”出来提醒博弈方，因此，一些相对没有预见性的博弈方就不能很好地领略对方的计划。这就要求博弈方最大限度地掌握博弈信息，不仅包括自己能看到的对方的信息，同时也要加深对自己的了解，因为对方看到的是自己的情况，在制订计划时也会更多地根据自己的情况来制订。如果某个博弈方既能了解对方的信息，又能熟识自己的情况，那么就能够制订出最有效的策略，在博弈中也最有可能赢得胜利。

决胜宝典

将自己作为自己的镜子，这是认识自己的最直接、最有效的方式，应为博弈者所重视。但是，并非所有时候都能有足够的条件认清自己，如脏脸博弈中的三个博弈者。这时，博弈方就可以根据对方的角色或者行动来推测出自己所处的境地，以达到知彼、知己。

自信的人更有主见

有这样一句话："宁动千江水，不动道人心。"是讲不要破坏人的"道心"，也就是不要破坏信心和愿望。在人们看来，破坏一个人的信念，使其忧虑、不敢向前，这是一种极大的罪恶。

萧伯纳说："有自信心的人，可以化渺小为伟大，化平凡为神圣。"我们且不把自信的作用形容得如此之大，但我们可以肯定的是，自信心无疑是一个人有主见的基本条件。一个人如果连自己都无法相信，那么很难想象其能够坚持自己的原则与信念，尤其在自己的想法受到旁人的反驳时，更是如此。

美国总统尼克松的大名广为人知，但就是这样一个政绩斐然的大人物，却由于自己的不自信犯下了不可挽回的错误。

1972年，尼克松竞选连任总统。由于在第一任期间尼克松作出了很好的成绩，因此很多政治评论家都对其持十分看好的态度。然而，尼克松本人却十分不自信，他沉浸在自己曾几次失败的心理阴影当中，担心会再次写下败笔，竟鬼使神差地干出了令自己后悔终生的蠢事——他指派手下的人潜入竞选对手总部的水门饭店，在对手的办公室里安装了窃听器。事发之后，他又连连阻止调查，推卸责任，在选举胜利后不久便被迫辞职。本来稳操胜券的尼克松，因缺乏自信而导致惨败。

由此我们可以看出，自信是一个人成功的重要因素，即使你万事俱备，但如果缺少自信这一股东风，也很难顺利到达成功的彼岸，甚至会船毁人亡。有自信的人则恰恰相反，一旦他认定了自己的决定是正确的，那么即使所有人都反对，他也会表现得十分坚定、有主见，会坚持按照自己的想法继续进行，而这样的人，往往能得到真理和成功的垂青。

小泽征尔是世界著名的交响乐指挥家。在一次“世界优秀指挥家大赛”的决赛中，小泽征尔像往常一样，按照评委会给出的乐谱指挥演奏。突然，他敏锐地发现了不和谐的声音。起初，小泽征尔以为是乐队演奏出了错误，于是停下来指挥乐队重新演奏一遍，但结果却与前一次一样。这时，小泽征尔根据自己丰厚的指挥经验，意识到可能是乐谱有问题，于是向评委会提出异议。评委会的权威人士和作曲家却坚持说乐谱绝对没有问题，是小泽征尔的指挥出现了失误。面对一大批音乐大师和权威人士的反驳，小泽征尔思考了一番之后，毅然斩钉截铁地说：“不，一定是乐谱错了！”话音刚落，评委席上的评委们立即站了起来，并报以热烈而持久的掌声，祝贺小泽征尔获得大赛的冠军。

原来，为了检验指挥家能否在指挥过程中检验出乐谱的错误，并且在遭到权威人士“否定”的情况下依然坚持自己认为正确的主张，评委们精心设置了这个圈套。前几位参加决赛的指挥家虽然也发现了错误，但在面对专家的“否定”时均采取了妥协和附和的态度，最终被评委会淘汰，小泽征尔却因充满自信、能够坚持主见而摘取了世界指挥家大赛的桂冠。

身处繁杂的社会环境中，我们每天都会接收到大量的信息，但这些信息并非都是完全正确的；即使信息可靠，反映在每一个人的大脑中时也是有所不同的。因此，对于同样的信息和同一个决策，不同的人往往会持不同的态度、采取不同的行动。这时，如果我们人云亦云，

那么就难免失去创造发展的机会，与成功失之交臂；而如果我们有自己的想法，却因与别人的意见相悖而轻易放弃，那么成功同样不会垂青我们。

乔·吉拉德（世界吉斯尼汽车销售冠军）是世界上最伟大的销售员，他连续12年荣登“世界吉斯尼记录大全”世界销售第一的宝座，他所保持的世界汽车销售纪录，即连续12年平均每天销售6辆车，至今无人能破。乔·吉拉德，因售出13000多辆汽车创造了商品销售最高纪录而被载入吉尼斯大全。他曾经连续15年成为世界上售出新汽车最多的人，其中6年平均每年售出汽车1300辆。

乔·吉拉德也是全球最受欢迎的演讲大师，曾为众多世界500强企业精英传授他的宝贵经验，来自世界各地数以百万计的人们被他的演讲所感动，被他的事迹所激励。然而，就是这样一个销售业的传奇大

师，在成功之前却有着常人难以想象的困难。

乔·吉拉德生于1928年美国经济大萧条时期，父辈是四处谋生的西西里移民。为了生计，乔·吉拉德9岁就开始给别人擦皮鞋、做报童，并且因为他有口吃的毛病，还经常遭受父亲的辱骂和邻居的歧视。然而，无论别人怎样看待自己，乔·吉拉德始终坚信自己的价值，并相信自己能够创出一片天地。他坚持上学到高中，在做过40多种工作仍一事无成之后，他毅然作了一个惊人的决定——做推销员来改掉自己的口吃。谁知，这最不被众人看好的举动，却使得乔·吉拉德在短短的三年之内爬上了世界第一的宝座，并被吉尼斯世界纪录称为“世界上最伟大的推销员”。

在旁人看来，推销必须要有流利的口才，而患有口吃的乔·吉拉德却怀着坚定无比的信心，执著地坚持自我，出乎所有人的预料创造了自己在销售业的辉煌。这不能不说是与乔·吉拉德的自信和有主见密不可分的。

春秋战国时期，一位做将军的父亲和他的做马前卒的儿子出征打仗。父亲庄严地托起一个箭囊，其中插着一只箭，那是一个多么精美的箭囊啊，用厚牛皮打制的，镶着幽幽泛光的铜边儿，用上等的孔雀羽毛制作成的箭尾。父亲郑重地对儿子说：“这是家袭宝箭，配带身边，力量无穷，但千万不可抽出来。”

儿子喜上眉梢。这么美妙的箭，儿子贪婪地推想箭杆、箭头的模样，耳旁仿佛传来嗖嗖的箭声，敌方的人马仿佛应声而毙。

果不出所料，号角吹响，战鼓雷鸣之际，战场上的儿子宝箭在手英勇非凡，所向披靡。当收兵的号角吹响时，儿子却背弃了父亲的叮嘱，再也禁不住得胜的豪气，强烈地想探个究竟的欲望驱使着他呼的一声拔出了宝箭。然而他看到真实的箭的那一瞬间惊呆了。

原来那是一只断箭，箭囊里装着的是一只折断的箭。

我一直挎着只断箭打仗呢！怎么会？知道了真相的儿子吓出了一身冷汗，仿佛顷刻间失去支柱的房子，轰然意志坍塌了。结果，儿子惨死于乱军之中。

在父亲捡起那柄断箭时，沉重地啐一口道：“不相信自己的意志，永远也做不成将军。”

一个自信的人，应该相信自己的实力。一个成功的人，遇事一定不能随波逐流，不能听了别人的一面之词就否定了自己的想法，而是要对自己的做法持信任的态度，自信的人才更有主见。遇事应该首先进行一番思考，若认为自己的想法、观点依然正确，就要对自己的作法保持信任的态度，并坚持自己的选择。

决胜宝典

美国洛杉矶加州大学经济学家伊渥·韦奇曾经说过：“即使你已有了主见，但如果有10个朋友看法和你相反，你就很难不动摇。”这种现象被称为韦奇定律。由此我们可知，一个人在看得高、想得远的同时，更要坚定地忠于自己的选择，以打破韦奇定律的困扰。

君子日日以自省

俗话说：“人非圣贤，孰能无过。”犯错是人人都会经历的事情，犯错本身并不可怕，但如果犯错后不知反省，那么就是错上加错了。反省是一种可贵的品质，它既能反映人的高尚品格，又能帮助人不断地提高自我。

我们每天都会接触到大量的信息，其中不乏别人对自己的评价，这些意见固然是宝贵的，值得我们深思；然而更重要的是，我们还需要不断地自省，因为别人的意见无论多么中肯，都是站在客观的角度上来说的，别人远远不如自己更加了解自己。有时，我们会犯下一些小错误，却因影响甚微而不为改之。若不懂得反省，久而久之这些小错误也可能酿成大祸，因此，我们需要别人的意见，更加需要自省。记得曾有人说过：“君子会把自省当做自己的早餐。”这句话就很好地道出了自省的必要性和重要性。懂得自省的人，才能够真正地、全面地了解自己，使自己远离错误，远离盲目与自大。

北宋著名的史学家、散文家司马光幼年时是一个贪玩、贪睡的孩子，为此他经常受到先生的责罚和同伴的嘲笑。开始时，司马光并没有因此而收敛，反而会在受了一次责罚后报复式地变本加厉。但随着年龄的增长，司马光逐渐意识到自己的做法并不值得欣赏。于是，司马光常常利用闲暇的时间自我反省，他总是不断回想先生的训导，同时观察同伴的行为，然后比较出自己的错误之处。在司马光的不断反思和先生的谆谆教诲下，司马光建立了改掉自己贪玩习惯的信念。司马光认为，要想使自己变得勤奋而不再贪玩，首先要克服的就是贪睡的毛病。为了早早起床，司马光想了一个巧妙的办法，他睡觉前总会喝满一肚子的水，希望能在早上时被尿憋醒。但是，最初司马光不但没有被憋醒，反而尿了床。为此，司马光又没少受同伴的笑话。但是，司马光却没有因此而放弃，他经过反思，发现自己的方法欠佳。后来，司马光又想到了一个新的方法，他用圆木头做了一个“警枕”，早上一翻身，头滑落在床板上，司马光自然就会惊醒了。从此，司马光日日坚持早起读书，终于成为了学识渊博的大文豪，并写出了流传千古的《资治通鉴》。

司马光的自省精神是难能可贵的。人在年少时总会犯这样那样的错误，却很少有人能够意识到自己的错误，更难以懂得反思、自省。司马光小小年纪却如此有心，最终得以成就一番大事业也由此可观。

荀子在《劝学》中说：“吾尝终日而思矣，不如须臾之所学也；吾尝跂而望矣，不如登高之博见也。”这番智慧，恐怕也是要经过一番深刻、透彻的反省之后才能得出的吧。古人尚且如此，身处激烈竞争中的现代人就更应将反省提上自己的日程。很多人总在抱怨环境不佳，尤其很多刚走入社会的年轻人，常常觉得自己不应该处于当前的位置，而是更应该有一番作为，或者生活在更好的环境中。但是，这些人往往仅仅停留在抱怨的阶段，而没有进一步反思造成这种现状的原因。最终，只能在怨天尤人中消磨时光。

金东是一家销售公司的主管，平日里对自己小组的员工十分热情，不管是谁的工作上遇到了问题，他都能耐心予以指导。因此，虽然中间有着一层上下级的关系，但金东和下级员工的相处还是比较融洽的，其中有几个年龄和自己差不多的男孩，甚至总和金东称兄道弟的。

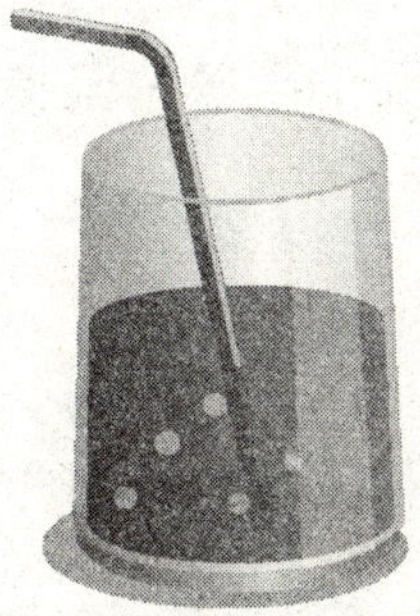

但是，近来金东却发现员工对自己不像以前那么热情了，不再是无话不说了，有时即使是工作上的问题，也总是畏首畏尾，不敢直言了。就连那几个平时和自己最亲近的男孩，也好久没有喊自己"东哥"了。金东不免有些疑惑，晚上睡不着，便开始想是哪里出了问题。

原来，金东最近添了一个炒股的爱好，热度正高，几乎所有的业余时间都钻到了股票当中，上班时的精力难免受到影响。而且，由于金东刚入手，对股票不熟悉，在短短的一个礼拜之内竟把自己两个月的薪水都赔了进去。金东虽然表面上没有表现出来，但却在工作中不知不觉带入了情绪，自己手下的员工遇到问题时，金东有时会出现心不在焉的状态，有时甚至还会失去耐心，忍不住对总教不会的员工发两句脾气。员工不明就里，再加上金东说到底是上司，难免犯怵，慢慢地，就开始对金东敬而远之了。

金东想到这里，知道了将情绪带到工作中是自己的失误。而既然是在这里出了问题，就应该在这里改正。金东将股票的事情暂时放下，并极力使自己忘掉赔钱的不快，又将精力全部投在了工作上。不多久，金东又和员工们打成一片了。

一个人懂得反思、自省，就能够不断地完善自我；一个民族若懂得自省，那么就能变得强大。可见，自省的力量是不可小觑的。那些懂得经常反省的人，总会在失掉一扇门时，找到另外一扇窗。自省是人进步的阶梯，每日一省，久而久之，就能到达一个原本无法企及的高度。因此，若想有所成就，就要将自省作为自己每天的早餐，坚持不懈地完善自我。

决胜宝典

博弈理论中一个基本的假设是，博弈方都是理性的。但其实现实完全不是这样的，你和对手都不可能是完全理性的人，也不可能掌握所有的正确信息。每个人都不是完美的。因此，我们就要学会主动以自省来审视自己，不断提升完善自己，使自己能在博弈中得胜。

你需要标准的“平面镜”

每个人在进行装扮时都离不开镜子，镜子可以辅助我们达到更好的效果，拥有更好的仪表；其实，我们在为人处世时也离不开镜子，一个标准的“平面镜”，能够帮助我们更好地认清自己，只有这样才能更稳健地在这个社会生存。

女孩子爱漂亮，不管走到哪里，都会带一面小镜子在身上，随时都要拿出来检验自己的妆容整齐不整齐。其实，我们在平时的日常生活和工作中，也需要一块可以真实反映自己状态或者优缺点的“镜子”，以时刻提醒我们摆正自己的位置，作出最正确的决定。

唐代有名的谏臣魏征就是这样一个标准的“平面镜”。他不畏唐太宗的威严，即使在唐太宗大怒之际，他也敢当面争执，从不退让，所以，唐太宗有时对他也会产生敬畏之心。其实，唐太宗对魏征还是相当的尊重和信任的。由于魏征的直言不讳，唐太宗才得以随时知道自己何处做得不妥，到底应该怎样做。唐贞观十七年（643年），直言敢谏的魏征病死了。唐太宗很难过，他流着眼泪说：“以铜为镜，可以正衣冠；以史为镜，可以知兴替；以人为镜，可以知得失。魏征没，朕亡一镜矣！”

的确，一个人用铜当镜子，可以照见衣帽是否穿戴整齐；用历史做镜子，可以知道国家兴亡的原因，从而得到借鉴；而用人作为自己的镜子，则可以随时随地发现自己的对错，从而更好地完善自己。

对于现实生活中的每一个人，尤其是涉世不深的年轻人来说，最重要的恐怕就是需要有一面客观标准的“镜子”，让自己能够正确地衡量自己，准确定位自己，而不至于认为自己处处都好过于自负，也不会觉得自己一事难成过分自卑。

小叶毕业于一所二流大学，是一名普通的本科生，所学的也是不太热门并且难找工作的历史专业。本来小叶并不处于优势，但由于小叶是独生女，平常在家里十分娇惯，不光爸爸妈妈宠着，总对着别人说自己的女儿怎样怎样好，如何如何优秀，就连亲戚都碍于她父母的面子，见面就夸小叶说：“这么优秀的大学生，以后肯定能找到一个很棒的工作！”小叶沉浸在这些赞美中，总认为自己是做白领的命，所以一般的工作她根本就看不上眼，并且直接将自己的工资标准定在了3000元以上。这样的结果是可想而知的，一般的职位，小叶压根不屑于去面试；而好点的公司，又因为小叶没有工作经验、专业不吃香而不予录用。这样，毕业已经大半年的小叶，仍然是个“宅女”。

眼看自己的同学都工作将近一年了，能力强的还升了职，小叶也免不了郁闷。一次，小叶将自己的同窗兼好友童童叫出来谈心，谈着

谈着就谈到了工作上。童童是个心直口快的女孩，直接就点出了小叶的缺点：“你就是太好高骛远了，现在大学生遍地都是，咱们又不是什么热门的专业，能有公司要就已经很不错了，未来的发展要靠慢慢努力才能得到，哪能刚上来就有个肥差啊。独生子女在家都被宠着，到了外面谁有义务宠我们啊？”童童的话小叶听来十分刺耳，这么多年以来家里从来没有人这样对自己说过话，小叶有些不能接受，和童童不愉快地结束了谈话，并且再也不找童童谈心了。现在，小叶还是一个名副其实的“宅女”。

人贵有一知己，一个肯对自己说真心话的人。小叶有，却不懂得珍惜，最后就只能被淹没在“甜言蜜语”中。“生于忧患，死于安乐”，小叶不愿听童童为自己灌输忧患意识，恐怕就要在家人的宠爱中安乐地“宅”下去了。

现在的年轻人，大多生活在父母的宠爱之下，在家里听不到真实客观地劝诫；而外面的普通朋友甚至好朋友，也多奉行不得罪人的原则，尽量拣好听的话说。这样，现在的年轻人往往都会陷入邹忌的尴尬和所受的蒙蔽之中——自己的妻子爱自己，说自己比有名的美男子徐公还美；自己的小妾害怕自己，也说自己更美一些；自己的访客有求于自己，仍然恭维自己比徐公美。如果周围人都在夸赞自己，那么即使是一种不客观的评价，一般人也都会信以为真，而真的认为自己很“美”。但是邹忌却有不同于一般人的思考力，他在没有人客观地为自己做“平面镜”时，选择自己亲眼见一见徐公，并自己找铜镜来亲自比较。这样，邹忌仍以铜为镜，却收到了“知得失”的效果，正确地认识到了自己的优劣，从而避免了陷入“夜郎自大”、“贻笑大方”的尴尬境地。

在这场美与不美、信与不信的博弈中，邹忌显然智高一筹，他不但多方听取别人的意见，试图找到一个最佳的平衡点，既客观又有说服力，并且在周围人都说自己更美时，也勇于质疑，而不被夸大的“哈哈镜”迷惑，仍然致力于寻找一面客观的“平面镜”，直到找到让自己满意的准确答案为止。现在的年轻人，跟邹忌的沉着、睿智比起来，则显得有些肤浅，只要一听到别人对自己的赞美，也不去考虑对方话语的出发点和可信程度，就开始飘飘然了，这样的人，恐怕永远都不能看清自己。

决胜宝典

眼睛虽然不会骗人，但却长在自己脸上，无法看到真实的自己。因此，要想看清自己的脸，就必须要借助别人的眼睛，而这双眼睛必须是诚实的，才有可能给你最真诚的建议。另外，想要得到别人客观的评价，那么自己对待别人时也应该是真诚、公正的。

庄子的“博弈”论

博弈方的信息通常不会均衡，但只要善于利用，就能将对方的思想变为自己的思想，从而在博弈中占据优势。聪明人的智慧不仅在于懂得借助别人观测自己，更在于善于在博弈中推己及人，必要时也会将别人的博弈手段收为己用。

一场博弈中可能只有两个博弈方，也可能有多个博弈方。通常，博弈方的信息量都是不均衡的，并且各自手中所掌握的信息内容也是不相同的。博弈方要想得到更多的信息，就要通过分析现有信息来获取。在脏脸博弈中，三个博弈方获得信息的方式有些复杂，要经过一系列的推理方可。但是在日常生活中，若是两个博弈对象之间的较量，这时分析信息可能就简单许多，一旦通过分析掌握了更多的信息，那么就能更好地在博弈中发挥，从而赢得胜利。

庄子和惠子曾在壕水桥边进行了这样一场辩论，庄子说：“鱼儿在水中自在地游动，这就是它们的快乐啊！”惠子听后不同意地反问道：“你又不是鱼，怎么知道鱼的快乐呢？”庄子说：“你不是我，你怎么知道我不知道鱼的快乐呢？”惠子又说：“正因为我不是你，所以才不知道你是否感觉到了鱼的快乐。同样的道理，你也不是鱼，同样感觉不到鱼的快乐。”庄子说：“当你问我为什么知道鱼的快乐时，你已经知道我是在壕水的桥上知道的，所以你才会这么问。”

在这场辩论中，庄子和惠子以彼此的问答互为前提，巧妙地反驳对方的提问。这样，对方的信息也就变成了自己掌握的信息，掌握的信息越多，那么在博弈中的胜算也就越大。这样的博弈在日常生活中十分常见，甚至在一些大的政治、军事事件中，人们也会利用这样的方法来占据优势，从而取胜于对方。

第二次世界大战结束后，一直到苏联解体的近半个世纪里，美苏两个超级大国在冷战期间一直存在着各式各样的间谍战。为了在间谍战中更胜一筹，苏联还专门建立起了名为“克格勃”的情报部门，其主要的任务就是搜集美国情报、反间谍、负责国内安全和边境保卫等。为了使该情报部门畅通无阻地工作，苏联政府赋予了其可以凌驾于任何党政军部门之上的职权和地位，只需直接对苏联中央政治局负责。由此可见，信息收集、甄别对一个国家来讲有多么重要。美国方面自然也不甘示弱，他们针对克格勃建立起了美国中央情报局，简称“中情局”。中情局的主要任务是通过公开、秘密方式和技术手段搜集他国的政治、经济、军事与科技等方面的情报，同时对其他国家进行间谍特务活动。这样一来，美苏之间就形成了以上述两个组织为首的明争暗斗的间谍战。

20世纪50年代初期，苏联克格勃将一枚木质的白头海雕国徽当做礼物送给了美国大使哈佛里尔·哈里曼。从表面上看来，这只是一枚普通的国徽，并没有什么异样。但其做工精美，典雅别致，深得哈里曼喜欢，于是便将其挂在了书房里。但谁知，这枚精致的国徽里面却藏着一个共鸣器。原来是苏联人将国徽里面掏空，然后在其中安置了一个U形金属支架，而支架上的共鸣器可以随着房间内的一切声波发出相应的振动，就像无绳电话一般，将房间内的谈话内容传给克格勃。这样一来，自从这枚国徽进驻到美国驻苏联大使馆后，克格勃便对哈里曼房间内的所有交谈都了如指掌。而当美国情报局发现自己的信息泄露时，便开始对大使馆的各个房间进行拉网式的大搜查。当他们发现是国徽的肚子里藏有猫腻时，这个小小的窃听器已经为苏联的克格勃服务长达7年之久了。

在大国间的政治、军事交涉中，最重要的就是获得比对方更多的信息，只有这样才有可能在博弈中胜出。也正是因为如此，美苏两国才在间谍战中使出了全身解数，甚至不惜以装窃听器等隐蔽的手段来达成目的。

不过，在博弈中，并非所有来自对方的信息都完整、可靠。有时，一些假信息或者不完整信息的出现，会对博弈的另一方产生不良的影响。因此，即使是从对方处得来的第一手信息，也要懂得进行甄别，直到能够确认其真实性方可。

盲人摸象便是这样一个很典型的事例。

从前有四个人很想知道大象到底长什么样子，但四个人都是盲人，他们看不见，只能用手摸。一次，四人到镇上去，恰好碰到有人牵着一头大象，于是四人便纷纷上前摸了起来。胖盲人先摸到的是大象的牙齿，于是他便说："大象摸起来像个又大、又粗、又光滑的大萝卜。”一个高个子的盲人这时摸到了大象的耳朵，于是反驳胖盲人说：“你说得不对，大象明明长得像一把大蒲扇，怎么能像大萝卜呢？”这时，一个矮个子的盲人摸到了大象的腿，也大声喊起来：“你们说得都不对，大象其实像根大柱子！”最后，摸到大象尾巴的盲人笑着说道：“你们三个都别争了，你们说得都不对，大象不过就像根草绳而已。”四个盲人谁也不服谁，只能为此争吵不休。

这个小寓言故事，充分反映了信息不全面而带来的误会和纷争。在这场博弈中，四个盲人掌握的信息都是正确的，但却不够全面，因此才对大象的外形作出了错误的判断，而最终在这场博弈中都成为输家。由此看来，对于获取的信息，要学会甄别、判断，以确认其正确性，这样才不至于在博弈中错失正确判断的良机。

决胜宝典

在博弈中，多方掌握信息很重要，但一定要懂得判断信息的正确性。正确、全面的信息，可以为自己在博弈中如虎添翼；若不幸将错误的信息认定为正确的，则有可能使自己满盘皆输。

第3章

Chapter Three

智猪博弈：天下有免费的午餐

当今社会，已不再单纯是一个强者的天下。强者固然有其优势，可以“吃大餐”，但是弱者也自有其生存智慧。只要懂得跟随策略，一样可以吃到免费的午餐。“不劳而获”，已经不再是梦想。

小猪的智慧——少劳也可以多得

“多劳多得”是我们一贯奉行的原则，也是每一个人坚信的真理。而在当今社会，这并不再是一成不变的，就算你没有能力多劳，只要你懂得“智猪博弈”中小猪的智慧，那么你也可以“少劳多得”。

博弈论中，有一个著名的模型叫做“智猪博弈”。

假设在一个猪圈里有一头大猪和一头小猪，猪圈的一侧有猪食槽，另一侧安装着控制猪食供应的按钮，只要按下按钮，就有一定数量的猪食进槽。需要说明的是，猪食槽和按钮相隔得很远。这时，我们假设两头猪都是理性的，也就是都有着认识和实现自身利益的欲望与能力；再假设猪每次按动按钮都会有10个单位的猪食进入猪槽，但是按动按钮的猪会在奔跑及劳动的过程中消耗相当于2个单位猪食的能量。不仅如此，因为两端相隔较远，跑去按动按钮的猪不但要产生过多的消耗，还会因为浪费了时间，而相对来说吃得就少。

具体分析来讲，如果大猪去按按钮，小猪等待进食，那么大猪能吃到6份猪食，而小猪能吃到4份，加上大猪消耗的2份，最后大猪和小猪的收益均为4；如果小猪去按按钮，大猪等待进食，则大猪能吃到9份猪食，而小猪只能吃到1份，加上小猪消耗的2份，则大猪最后的收益为9，小猪只能为－1；若两头猪都不假思索，同时向按钮跑去，最后再同时回到猪食槽前进食，则大猪能吃到7份，减去消耗的2份，最终收益是5，而小猪能吃到3份，减去消耗的2份，最终收益是1；若两头猪都在原地等待，那么它们就都吃不到东西，两头猪的收益都为零。用表格表示如下：

大猪/小猪	行动	等待
行动	5/1	4/4
等待	9/–1	0/0

从这个表格中，我们可以看到一个收益的均衡点，那就是大猪去按按钮，小猪等待进食，这样大猪和小猪的收益均为4。

从小猪这方面来说，我们可以发现一个奇怪的现象：如果小猪去劳动，则其收益将为－1，吃力反而不讨好；如果小猪不去劳动，而干等着进食，则当大猪去劳动时，小猪就能得到4的收益，这远远要比自己劳动得到的多。因此，对于小猪来说，吃力不讨好的傻事显然是不会做的。最终小猪选择不去按钮，而大猪为了生存，不得不放弃等待9的收益，而选择自己劳动，获得4的收益。如果两头猪都有智慧，那么最终的结果则只能是小猪等待，大猪按钮，而小猪只需搭个顺风车就可以了。

这从另外一个角度说明了劳动的“代价”。对于弱势群体来说，如果事先不进行仔细思考，就选择劳动，那么对于自身有可能是没有任何好处的。因此，有时候多想一点，行动慢一点、懒一点反而是有益的。

比如，某种新的商品刚刚上市，其功能还不为广大群众所熟知。这时，如果生产该商品的只有一家小企业，那么这个企业就只能自己掏腰包来进行宣传，以便让自己的商品有一个好的销量。但这时小企业需要付出的成本就会加倍，且消费者即使了解了该商品的性能，也不一定就能欣然接受，因此小企业就要承担一定程度的风险。而如果生产该商品的不止是一家小企业，还有其他一些经济实力雄厚的大企业，那么这家小企业就完全没有必要再自掏腰包做宣传，大企业自然会大量地为该商品做广告。这时，小企业只要跟随大企业的脚步就可以了。

“小猪”本身是一个弱势群体，其劣势在于，并不是所有情况下都有现成的“大猪”可以让自己顺风得势，这时，小猪就要充分发挥自己的智慧，为自己制造一头“大猪”。

俄国民间流传着一个“斧子粥”的故事。

从前有一个流浪汉，他落魄地走到一个老人家门口去讨饭。这个老人十分吝啬，流浪汉恳求了半天，也没有得到一口剩饭。这时，流浪汉灵机一动，取出一把随身携带的斧子，对老人说：“这是一把神奇的斧子，如果把它放在沸腾的锅里，就能够煮出美味的粥来。如果你愿意借一口锅，让我试验给你看，那么我就将斧子送给你。”爱占便宜的老人一听，想自己如果有了这把斧子，以后就不用买米了，于是欣然同意了流浪汉的要求。

流浪汉让老人帮忙用木柴生起了火，然后把斧子洗干净放到锅里煮了起来。当水烧开时，流浪汉尝了一口，故意高声说道：“真是美味无比的粥啊，这是我喝过最好喝的粥了。不过要是能加点燕麦粉就更好了。”老人一听，急忙从屋里拿来了燕麦粉，放入了锅里一同煮了起来。过了一会儿，流浪汉又尝了一次，依然夸赞味美无比，并表示加一些盐会更棒。老人又赶忙拿来了盐。就这样，流浪汉用同样的方法，又让老人在锅里加入了瘦肉和青菜。不多久，一锅美味的粥果然出炉了，老人品尝着粥，觉得自己真是得到了一样宝贝。

流浪汉为了喝到粥，通过智慧为自己制造了一只“大猪”，自己只需任事情自然发展，便吃到了美味的粥，这就是“小猪”的智慧。虽然老人最初抱着占便宜的想法，却因为没有如流浪汉般的智慧，结果只能吃亏。

决胜宝典

在现实生活中，如果你是一头实力较弱的“小猪”，那么就要学习智猪博弈中小猪的智慧，即借助大猪的势力得到自己想要的东西。如果你身边没有“大猪”，那么也不要孤军奋战，而是去做一头聪明的小猪，找只“大猪”让自己搭顺风车。

智猪启示——借他人之势成就自我

荀子在《劝学》中给人们讲述了这样的道理：“登高而招，臂非加长也，而见者远；顺风而呼，声非加疾也，而闻者彰。”的确，本来处于弱势的人，如果懂得借他人或他物之势，就有可能比他人做得更好。这就是“君子生非异也，善假于物也”。

有时我们可能没有对某个人怀防备心理，他却可能成为我们成功之路上的掣肘之人；有时我们没有对某个人抱有希望，他却能在关键时刻挺身相助。他人的力量是不可小觑的，这就教给我们，一定要重视他人的力量，顺势而为。

战国时期有个小国名叫中山。有一次，中山国的国君设宴款待国内的名士，当时正巧羊肉羹不多了，不能让所有到宴的人全部品尝到，只好将羊肉羹分给部分名士品尝。其中一个没有喝到羊肉羹的人叫司马子期，此人心胸狭窄，由此认为自己没有受到重视，便怀恨在心，于是跑到楚国，劝其攻打中山国。楚国是个强国，实力比中山国强很多，很快就将中山国攻破了，中山国的国王因此流亡在外。国王在逃亡的路上，发现有两个人手握武器一直跟在自己后面，于是问道："你们是谁？为什么跟着我？"两人回答道："从前有一个人曾因为获得你赐予的一碗食物而免于饿死，我们就是他的儿子。父亲临死前嘱咐我们，日后如果中山国发生事变，我们必须竭尽全力保护国王的安危。"

国王听后感叹道："怨不期深浅，甚于伤心。吾以一杯羊肉羹而失国，以一碗食物而得勇士。"

中山国的国君因一时疏忽怠慢了司马子期，从而使国家遭受了政变，却因一次无意的善举而得到了两个勇士，使自己在危难时刻有人相助。这向我们说明：我们一定要善待身边遇到的每一个人，为了借助别人的力量为己所用，就不能忽视任何人。

依据智猪博弈中小猪的智慧，我们可以总结出如下经验：如果自身的力量太过单薄，就可以借助他人的势力，如金钱、智慧、名望甚至社会关系等，只要能为自己所用，便是值得借助的。

清朝的红顶商人胡雪岩就是一个十分懂得借助他人之势的人。胡雪岩一生的成就中，有很多都是借势而得的。胡雪岩从不放弃任何一个取势用势的机会，他不断地借助各种势力，尤其是官势，来扩大自己的势力范围。

胡雪岩借势最多的是官势，这也是使他发家的最重要的资本。因为在钱庄长期与有钱有势的人打交道，胡雪岩逐渐结交了很多官场上的朋友。但直到遇到王有龄，胡雪岩才真正得到了一个借助官势的好契机。王有龄是福建侯官人，他在道光年间就已做了浙江盐运使，但苦于无钱进京。胡雪岩慧眼识珠，认定其前途不凡，便资助了其五百两银子，让王有龄速速进京混个官职。后王有龄在天津遇到故交侍郎何桂清，经其推荐到浙江巡抚门下，当了粮台总办。王有龄发迹后并未忘记当年胡雪岩的知遇之恩，于是资助胡雪岩自开钱庄，号为“阜康”。之后，随着王有龄的不断高升，胡雪岩的生意也越做越大，除钱庄外，还开起了许多店铺。

除了胡雪岩借王有龄之势发迹以外，这里还有一个小插曲：曾帮助过王有龄的何桂清，后来也得到了胡雪岩的大力相助。相比之下，胡雪岩对何桂清更是不计血本，为了何桂清的升迁，胡雪岩一次可以放出一万五千两银子；为了讨何桂清的欢心，胡雪岩甚至将自己的爱妾转赠给了他。

就在这样不断的“借势”当中，胡雪岩的商业势力有增无减，最终成为清代有名的大商人。

有成就的人，并不一定是自己有多大的能耐，而是懂得借助他人的力量。这对于初入社会的年轻人来说，尤其是一条值得借鉴的经验。如果你在大学期间，就懂得借势而起的道理，那么就应该和自己的良师搞好关系。一个有名望的老师，往往有着很好的人脉，对于自己得意的门徒，当然愿意引荐给自己的朋友，使其有一个更宽广的发展空间。也许有一天，老师反过来还能借助自己已成名学生的名气，给自己增长一些势力。另外，即使是一位人际关系平庸的老师，也应该值得我们尊重与追随，起码他还能给我们以知识上的教导，借助老师的经验，我们就能少走很多弯路。因此，即使我们已经走上了工作岗位，老师这一资源也是万万不能断绝的。

对于所有的人来说，朋友都是一个十分重要的资源。“朋友多了路好走”，这句歌词虽简单，细细琢磨，却是一个颠扑不破的真理。如果一个人能结交很多朋友，那么即使其人生再不顺利，也不至于走入山穷水尽的地步。对于年轻人来说，广交朋友更是一个迫不及待的任务。这是因为，年轻人交友，往往还没有太大的功利心和目的性，也能在更大的程度上以诚相待，而年轻时结交的这些朋友，往往更易于成为一辈子的至交。因此，年轻人的朋友越多，自己未来的路也就会越好走。

很多年轻人刚走上社会，迷恋于结交新朋友、接触新事物的新鲜感，遇到事情时，也总是第一个想到自己的同学或者朋友，而渐渐地将自己的亲戚都遗忘了。其实，相比于朋友来说，借亲戚之势有着更大的优势，其不但会在解决问题时付诸全力，而且往往能免除“欠人情”的连带问题。因此，年轻人要记住，外面的朋友再多，也不要忘了自己的“七大姑八大姨”。

借助他人之势是一种智慧，与其自己费时费力，不如看看身边有没有可以使事情简化的资源，如果有，那么也许原本的难题就能在瞬间解决。

决胜宝典

一只蝴蝶从南京飞到北京需要六个月，但其平均寿命却只有一个月左右，如何将这个不可能变成可能呢？答案很简单，只要蝴蝶飞到一列从南京开往北京的火车上，就可以在一天内实现这个“不可能”。借助外力，你也可以成为那个怀抱大梦想的小蝴蝶。

学习小猪的跟随取胜策略

小猪的聪明之处，在于懂得跟随大猪，不费吹灰之力赢得自己的口粮。很多时候，我们也应该像小猪一样，凡事不要急于争先，而要懂得随于人后的便利与实惠。懂得跟随的人，才往往有更强的生命力。

智猪博弈中，小猪之所以能够不劳而获，在于其采取了一种跟随战术。这种聪明的跟随战术，其实在很多方面都十分适用。

美国著名的策略专家迪克西特·巴里在《策略思维》一书中对跟随战术所带来的后动优势进行了详细分析，并举出了实例，让读者更好地了解如何在对决中采取让对手先行的保守策略。

巴里在书中举了这样一个例子。

美国经济学家奈尔伯夫在大学毕业时，曾经参加过剑桥大学的五月舞会，庆祝活动中进行了轮盘游戏。在这个游戏中，每个人都得到了相当于20美元的筹码，事先规定在舞会结束时谁的收获大，谁就可以免费得到下一年度的舞会入场券。

轮盘的玩法简单介绍如下：轮盘由0至36，共37个数字格子构成，在编号1至36里有一半是红色的，另外一半是黑色的，余下的绿色格子则是0。玩家既可以押某一个号，如押中了就可以获得350美元，取胜概率只有1/37；也可以选择押大小，取胜的概率便会上升至18/37，但获胜后只能赢得10美元。轮盘的胜负取决于轮盘停止时小球静止所指向的数字区域。

奈尔伯夫当天的运气不错，当玩到最后一局时，他手中已经有了700美元的筹码。跟奈尔伯夫对决的第二名是一位女生，手中的筹码不过才300美元。其他的人已经在比赛中被逐渐淘汰了，这样一来，争夺下一年舞会入场券的就只有奈尔伯夫和这名女生了。为了保险起见，在最后一轮下注时，女生向奈尔伯夫提出了分享入场券，但奈尔伯夫此时手中的筹码远远多过女生，他怎么愿意分享奖品呢？

最后一轮下注开始了。如果选择赔率是1赔1的下注方式，即使女生把全部的筹码押上，也不可能取胜，因为她即使赢了也才只有600美元，仍然比不上奈尔伯夫的多。于是，在最后一轮，女生选择了风险更大、赔率更高的玩法，她将全部筹码押在了3倍赔率上。这样一来，如果她赢了，那么她就能够从300美元变为900美元。这种玩法取胜的概率是12/37。奈尔伯夫见状红了眼，他将自己的700美元全部押在了2的倍数上，这样一来，他取胜的概率就是18/37。结果，女生的小概率发生了奇迹，这位姑娘反败为胜，拿走了下一年舞会的免费入场券。

事后，奈尔伯夫很懊悔自己的行为。他仔细分析了一下，如果采取跟随战术，自己其实是稳操胜券的。比如，如果这位女生怎么下注，奈尔伯夫就跟随她怎么下注，那么即使都输掉了，奈尔伯夫依然可以凭400美元的余筹取胜；如果赢了的话，自己总的钱数也会比女生多，依然可以取胜。

因为急于取胜，缺少理性的分析，这位博弈论的高才生，就这样简单地输给了一个原本屈居自己之下的女生。

现实生活中，很多年轻人就如同奈尔伯夫一样，本来可以做好的事情，却因为冲动鲁莽而搞砸了。由此，我们可以得出，理性分析永远是首要的选择。当自己忍不住想要冲锋陷阵时，一定要理智地将自己拉回来，然后盯住一个强者，只要跟着他，就能够在其赢得胜利时坐收渔利。

传说中，十二生肖的排列顺序是由一场跑步比赛决定的。一群动物聚集在森林中，谁最先跑到目的地，谁就能够排在十二生肖的首位。不起眼的小老鼠显然是没有胜算的，但它却十分懂得跟随战术的精髓。它选中了一个强壮的、有很大取胜可能的选手——牛，偷偷地藏在它的尾巴下面。当牛最先跑到终点，并回过头来宣布自己赢得胜利时，老鼠便悄悄地跳到地上，并大声说自己在牛的前面到达，自己才是比赛的冠军。就这样，老鼠不费吹灰之力，便排在了十二生肖的首位。因此，跟随战术是不可小觑的，它就是有这样一种魔力，能够让最不起眼的选手，在最后成为最辉煌的冠军。

在一个烈日炎炎的下午，一头水牛在离河口不远的树下休息。这时，一只小麻雀飞来，落在树上，亲切地同水牛打招呼。

水牛说："小麻雀，你也来这里玩啊？"

小麻雀回答："我是来喝水的，不是来玩的。"

水牛听后乐了："你喝水，还不是随便一滴就够了，也值得跑到大河来吗？"

小麻雀听后也笑着说："大水牛，你怎么知道我只能喝一滴水？我喝的水比你喝的还多呢！"

水牛不禁哈哈大笑起来："怎么可能呢？"

小麻雀说："那咱们比比赛，看谁喝得多，你先来。"它知道马上要涨潮了。

水牛立刻伏在河边，张开大口，使劲儿喝了起来。但令水牛奇怪的是，无论它怎么喝，河里的水都不见少，相反却慢慢多了起来。不一会儿，水牛的肚子就胀鼓鼓的，再也喝不下去了。

这时，小麻雀见状飞了过来，正好是退潮的时候了，它把嘴伸进水中，追着潮水去喝。水牛见水越来越少，不禁疑惑地说："你个头小，水却喝得不少呀。"

小麻雀笑着问水牛："这下你总该服了吧？"说完，小麻雀就展翅飞走了，只留下水牛呆呆地望着河水。

小麻雀的聪明之处，在于它懂得跟随环境的形势，这也是一种跟随战术。最终，小麻雀赢得了博弈的胜利。

决胜宝典

跟随不是懦弱的表现，也不是一味地追求模仿，跟随是一种智慧与取胜的策略。只有具有跟随精神的人，才是沉着冷静、懂得用脑思考的人。这样的人，总有一天会在跟随中找到时机，变跟随为超越。

后发制人的深度智慧

《孙子兵法》中说："不战而屈人之兵，乃上策也。"这里的"不战"并非指没有任何行动，而是采取一些相对缓和的策略。悄悄地跟在别人后面，就是"不战而屈人之兵"的上策。

在智猪博弈中，小猪为了自身利益不受损，选择在原地等待；而大猪为了生存，则不得不去劳动。那么，处于生活和工作中的年轻人，应该抱一种怎样的心态呢？是积极的劳动，还是静静地跟在大猪的后面坐享其成？

其实，智猪博弈中的小猪已经给了我们一个最好的答案：有时候，尤其在自己的实力不具备时，悄悄地跟在大猪后面就是了，而不一定要冲锋陷阵。俗话说"枪打出头鸟"，有时即使你做得多，但却无法得到相应的回报，甚至因此遭受损失。相反，如果你肯保留实力，那么也许就能在适当的时候变被动为主动，达到后发制人的理想效果。

晋献公晚年宠爱骊姬，骊姬为了立自己的儿子奚齐做太子，逼死了原来的太子申生。另外，为了以绝后患，骊姬又逼走了晋献公的另外两个儿子夷吾和重耳。

公子重耳在外流亡长达十九年之久，辗转在几国之间。当他到达楚国时，楚成王认为重耳将来有可能回国继承王位，便非常热情地接待他。

在一次宴会上，楚成王问重耳："公子如果将来回到晋国，会拿什么来报答我呢？"

重耳回答说："美女和金银财宝，大王有的是，珍贵的鸟羽兽皮和象牙，也是贵国出产，流散到晋国去的，都是大王不要的东西。我还有什么可以献给大王呢？"

楚成王听后，笑笑说："话虽如此说，但你总要拿点什么来报答我吧？"

重耳想了想，回答道："如果托大王的福，我真的回到了晋国，那么我一定不会忘记大王对我的恩德。今后假如晋楚两国有交战的一天，我就先退出九十里地礼让大王。如果大王仍然不肯罢兵，那我才敢拿起武器与大王较量。"

后来，公子重耳果然回到晋国，并做了晋文公。

几年之后，楚国发兵进攻宋国，宋国向晋文公求援，晋文公接受了宋国的请求。他先是派兵打败了楚国的盟军曹国和卫国，然后准备援救宋国。楚成王认为，晋文公曾经经过了十九年的颠沛流离，并且完好地回到了晋国做了国君，一定是个不简单的人物，于是便命令带兵的将军尹子玉从宋国撤兵，不要与晋军交战。但尹子玉却认为晋军没什么了不起的，因而坚持要求与晋军对阵。

尹子玉率领军队气势汹汹地向晋军进攻，晋文公却要求晋军退后九十里地，好让着楚军。一些武将对此十分不理解，纷纷抱怨晋文公怯弱。这时，曾跟随晋文公流亡的子犯解释道：“大王在流亡时曾经得到过楚成王的帮助，退避九十里是我们对他的报答。再者，如果我们退避后，楚军也撤退了，那不是两全其美吗？但如果我们退避后，楚军还是咄咄逼人，那就是他们的不对了。那时，我们以逸待劳，后发制人，胜利就必然是属于我们的。”

大家这才不再抱怨，并且对晋文公的战略十分信服，将军队退到了九十里地的地方。

谁知尹子玉见晋军退避，丝毫没有退军的意思，反而认为晋军胆怯，不敢和他对阵，于是便大举进攻，逼晋军出兵。这时，士气高昂的晋军有了充分的休息，变得更加勇猛；而楚军则因骄傲轻敌仓促地进攻，结果在城濮决战时，楚军被晋军拦腰横截，惨遭大败。这时，尹子玉再也没有脸面回到楚国去了，便在连谷自杀了。

与先发制人相反，后发制人是先让一步。抢先一步固然厉害，如尹子玉，开始便士气夺人，表现出了惊人的勇猛。但反过来说，如果先发制人不能一战将敌人置于死地，那么必然就会暴露自己，从而将机会让给了别人，正如尹子玉后期遭受的失败一样。

如今的年轻人血气方刚，很容易冲动，怀着“先发制人”的思想，结果却成了“先发制于人”，将主动权交到了对方的手中。其实，这是很不明智的。无论在什么样的对决中，开始掌握主动的人并不一定就是筹码多的，也不一定是最后的赢家。民间有一句俗语，是形容牌场形势的，叫做“先赢的是纸，后赢的才是钱”，说的也是这个道理。在任何一场博弈中，那些最后的赢家，往往是开始并不起眼，而后来居上的。这些人大多沉着冷静，不为一时的蝇头小利动心，也从不在博弈初期就显现出嚣张跋扈的气势，而让对方注意到自己，并对自己的实力了如指掌。相反，往往那些开始时就十分张扬，认为自己必赢无疑的人，最后不但不是赢家，还会输得很惨。这就是“先发”与“后发”的区别。因此，年轻人要想变得成熟，想做事成功，就要转变一下思想，不要赢一时的气势，而要懂得积攒自己的实力，懂得“以静制动”，出其不意地将其一击即败。

毛主席在带领人民抗战斗争时，也十分推崇“后发制人”，并对这个理论作了很多例证与说明。毛主席曾在《中国革命战争的战略问题》一文中列举了楚汉成皋之战、新汉昆阳之战、袁曹官渡之战、吴魏赤壁之战、吴蜀彝陵之战、秦晋淝水之战等有名的战例，并亲笔对后发制人作了如下一段精彩的论述：“谁人不知，两个拳师相对，聪明的拳师往往退让一步，而蠢人则气势汹汹，辟头就使出全副本领，结果却往往被退让者打倒。”一句话，既道出了拳击的技巧，又借此说明了后发制人的效果。

以柔克刚，以退为进，是在博弈智慧中不可或缺的，年轻人遇事不要只管往前冲，做那支“先烂的椽子”，做那只被枪打的“出头鸟”，在你还未了解全部情况的前提下，可以静观其变，也可以跟在那些比你跑得快的“大猪”后面观察情况，等你掌握了翔实的信息后，再想想接下来该怎么做，运用你自己的智慧，制定一个符合你自己的策略，去努力争取成功 。掌握了这些技法，我们就能从“小猪”走向“大猪”了。

决胜宝典

“小猪”在变成“大猪”的过程中，一定要谨记不能一味地冲在前面，而要适当示弱，悄悄跟在“大猪”后面。但跟在后面并不代表你只能亦步亦趋地跟随别人，而是积攒实力，等待后发制人的机会。在这过程中，“小猪”要注意针对不同的情况，灵活采取不同的谋略，才能稳操胜券，制人而不制于人。

化敌为友，为自己增势

红顶商人胡雪岩曾经这样说过：“多个朋友多条路，多个敌人多堵墙。”在现实生活中，我们难免会有意无意“树立”一些敌手，这时，我们不妨主动站到敌人身边，化敌为友，借助对方的力量给自己增加势力，增加成功的机会。

富兰克林总统年轻的时候，他的创业经历并不很顺利。

一次，他把所有的积蓄都投资在一家小印刷厂上，他很想获得为议会印文件的工作，可是出现了一个不利的情况：议会中有一个极有钱又能干的议员，非常不喜欢富兰克林，还公开斥骂他。

这种情形当然是非常危险的，富兰克林很有可能因此就与工作失之交臂。因此，富兰克林决心使对方喜欢他。

对于化敌为友的具体经过，富兰克林如是说：“听说他的图书室里藏有一本非常稀奇而特殊的书，我就给他一封便笺，表示我极欲一睹为快，请求他把那本书借给我几天，好让我仔细地阅读一遍。

“他马上叫人把那本书送来了。过了大约一个星期的时间，我把那本书还给他，还附上一封信，强烈地表示了我的谢意。

“于是，下次当我们在议会里相遇时，他居然跟我打招呼（他以前从来就没有那样做过），并且极为有礼。自那以后，他随时乐意帮忙，于是我们变成了很好的朋友。一直到他去世为止。”

虽然富兰克林离世已经150多年，但他所运用的心理办法，也就是用请求别人帮忙来化敌为友的心理办法，可以说对我们现今生活仍然十分有效。

一个牧场主养了许多小羊。他的邻居是个猎户，院子里养了一群凶猛的猎狗，这些猎狗经常跳过栅栏，袭击农场里的小羊羔。农场主几次请猎户把猎狗关好，但猎户不以为然，口头上答应，可没过几天，他家的猎狗又横冲直闯，咬伤了好几只小羊。

忍无可忍的牧场主找镇上的法官评理，听了他的控诉，明理的法官说：“我可以处罚那个猎户，也可以发布命令让他把猎狗锁起来。但这样做你就失去了一个朋友，多了一个敌人。你是愿意和一个朋友做邻居还是和一个敌人做邻居呢？”

“当然愿意和朋友做邻居。”牧场主回答。

“那好，我给你出个主意，按我说的去做，不但可以保证你的羊群不再被骚扰，还会为你赢得一个好的邻居。”法官如此这般交代一番，牧场主连连称是。

一到家，牧场主就按照法官说的挑了三只最可爱的小羊羔，送给猎户的三个儿子，看到洁白温驯的小羊羔，孩子们如获至宝，每天放学都在院子里和小羊羔玩耍。因为怕猎狗伤害了儿子们的小羊羔，猎户做了很大一个铁笼，把狗结结实实地锁了起来。从此牧场主的羊再也没有受到骚扰。为了答谢牧场主的好意，猎户开始送各种野味给他，牧场主也不时用羊肉和奶酪回赠猎户，渐渐的两家成了好朋友。

要说服一个人，将其从敌人转化为朋友，最好的办法就是为他着想，让他也能从中受益。

宋真宗时期，中书省的官员王旦与枢密院的官员寇准同是朝廷重臣，但寇准老是攻击王旦，说他的短处，在皇上面前也不例外。而与此相反的是，王旦却专门赞扬寇准，从来不对寇准抱怨半句。

两人的关系，就连宋真宗都十分了解，他对王旦说："尽管你总说寇准好，他却说你的坏话。"

王旦却说："道理应当如此，我做宰相时间长了，处理政事一定出了不少过错。寇准对陛下没有隐瞒什么，更加可见他的忠贞，这正是臣敬重他的原因。"

宋真宗听后，虽然寇准一再说王旦不好，但他却认为王旦贤能，因而更加予以信赖。

一次，中书省有文件送枢密院，但送去的诏书有些不合正规诏书格式，当时寇准在枢密院，便把这件事报告了宋真宗。宋真宗听后，不但责备了王旦，也对中书省的官吏做出了处分。为此，中书省的官吏都对寇准十分不满。谁知，风水轮流转，不出一个月，枢密院的文件送到中书省时，也被发现违反了诏书格式。中书省的官吏见此十分高兴，觉得报复的机会来了，便急忙拿着诏书呈给了王旦。

但出乎意料的是，王旦不仅没有高兴，而且还有些生气地命令手

下人将诏书送还给枢密院去改。手下人虽然不愿意，但还是听令送了回去。

寇准见到自己的诏书，又想想自己之前的作为，不禁十分惭愧。处理完诏书之后，他便赶到王旦府上负荆请罪："难得您有这么大的度量啊！请原谅我之前的愚昧吧。"

之后，两人成了工作与生活上的好朋友。

在官场上生存，更要面对很多的是非与危机。如果为官时懂得宽宏大度，那么就可以最大限度地化敌为友，加强自己和同僚之间的关系。故事中的王旦虽不是名相，但也有不错的政绩。寇准对王旦如此苛刻，王旦不仅不生气、不报复，反而宽宏大量、以诚相待，终于感动了寇准，使其由自己的敌人变成了朋友。

有时候，我们在生活中的处境就像小猪一般，面对的敌手比自己强大，以至于自己处在十分被动的地位，无法作出某种成就。这时，如果我们肯转动脑筋，将大猪变为自己的好朋友，那么自然就不愁没有食物吃了。

有这样一个寓言故事。

小老鼠花花住在一位老太太家里，隔三岔五就去偷一些东西，还咬坏了许多家具，害得老太太心烦意乱，整日不得安宁。后来，老太太从宠物店里买了一只五颜六色的猫，名叫欢欢。本来老太太是想叫长得健壮的欢欢去抓老鼠的，可是欢欢却是一只懒猫，成天好吃懒做。

有一天，老太太说："欢欢，我对你这么好，请你马上去给我抓老鼠。”欢欢懒懒地说：“等一下好吗？”老太太生气地说：“动作快一点，要不然我就把你赶出家门。”欢欢无可奈何只好答应。

欢欢来到花花家门口说：“小老鼠，你快出来吧，不然我就会被主人赶出家门，流浪街头了。”

花花眯着眼看了看可怜巴巴的欢欢，说：“可以，不过你得答应我一个条件。”

“什么条件？”欢欢问道。

花花说：“你今后必须跟我做朋友，从此我们俩一起对付老太太。”然后花花跟欢欢交头接耳了一阵，只听欢欢说：“行。”

花花半信半疑，心里想这只猫不会是在引蛇出洞吧。于是，花花试探了一下欢欢。花花先走出一点，靠在门口。这时欢欢连忙说：“下一步怎么办？”这一下花花才放心了，他回答说：“以后你的主人叫你抓我，你就不听。”欢欢为难地说：“万一主人真把我给赶出家门怎么办？”花花胸有成竹地说：“别怕，有我呢，以后只要有我花花吃的，就绝不会饿着你。再说一只猫要好几百块钱呢，她不会那样做的。”欢欢眉开眼笑地说：“谢谢，你说得对极了。”

从那以后，欢欢再也不听主人的话了，每天跟随花花玩。再后来它们齐心协力把老太太给赶出了家门。

花花这只聪明的小老鼠，利用大花猫欢欢懒惰、胆小的弱点，最终将其变为自己的好朋友，并让其与自己合作，打败了最大的敌人老太太。这种化敌为友，增加自己实力的办法十分值得我们借鉴。

有人说过，当你憎恨一个人的时候，消灭他的最好的方法不是咬牙切齿地咒骂他，报复他，甚至想要吃了他，最好的方法而是把他变变成你的朋友。当今社会这么纷繁复杂，谁都想不到将来会发生什么事情。当你在人生路上遇到某些不期而遇的挫折的时候，你多了这个朋友，没准他就可以帮你一下，让你渡过危难期。所以我们要学会将敌人转化为自己的朋友，与我们进行合作。但是我们要在化敌为友的过程中注意技巧，如果技巧掌握好了，那么化敌为友就不会那么难了。

决胜宝典

化敌为友不是简单的一句话，需要很多技巧，比如，在敌人的指责面前不要以言语反抗，而要勇敢承认自己的错误；同时要关注对方的兴趣点，以取得对方的好感；另外，要懂得适当地示弱，让对方知道你非常需要他。这样，化敌为友就不是难题了。

第4章

Chapter Four

囚徒困境：如何走出两难境地

你和同伴同时陷入困境，却尴尬地发现，只有出卖对方才能保证双方损失最小。这时应该如何抉择？是固执地忠于彼此的协议，还是理性地选择互相背叛？面对困境，有没有可能共同合作扭转局面，最终实现双赢？这一章将会给你满意的答案。

选择坚持还是背叛

当两个利益相通的朋友，同时陷入了困境，变成了利益相悖的关系，并且要以出卖自己和对方才能避免最坏的结果时，那么，两个人会如何选择呢？是选择坚持，还是选择背叛？其中是否有两全的选择，两个人又是否能不约而同地选择两全结局呢？

1950年，数学家塔克任斯坦福大学客座教授。在一次给学生作的演讲报告中，塔克讲了两个囚犯的故事，并以此对博弈学作出了生动形象的描述。演讲结束后，塔克所讲的囚徒的事例被总结成了著名的博弈论经典问题——囚徒困境。之后，这个故事因为生动地表达出了博弈论的本质特征，而被广泛地应用于哲学、社会学、经济学甚至生物学等众多学科当中。

囚徒困境流传到今天，已经有了很多不同的版本，但大致意思并没有改变，主要如下。

甲、乙两个人一起持枪准备作案，但在案发前被警察发现并抓了起来。将两人抓回警局后，通过对两人审问，警方怀疑其二人可能还犯有其他重罪，但由于没有证据，警方只好将两个人分开，分别进行审问。在审问过程中，为了使二人诚实地将自己的罪行交代出来，警方分别告诉两人：

如果两人都不坦白，警察没有证据，会以非法携带枪支罪将两人各判刑期1年；

如果其中一人坦白，另一人抵赖，那么坦白的人将作为证人不会被起诉，另一人则会被重判10年；

如果两人都坦白，那么两人则会因各自的罪证被判8年。

在这种情况下，实际上警察是给了囚犯两种选择，一是和同伴站在一起，继续坚持自己无罪；二是招出同伙的罪责，从而背叛同伙，与警察合作。

那么，这两个囚徒到底会作出怎样的选择呢？是选择继续合作，还是互相背叛？从局外人的角度来看，最好的结果是两人都不招，最后警察找不到证据，只能以非法携带枪支罪各判两人一年徒刑，这似乎是最好的结果。但是，甲、乙二人此刻都处于困境之中，马上要面临身陷囹圄的危险，因此他们不得不从自身的角度出发考虑问题，同时也会揣测对方可能作出的决定，以及那个决定对自己的影响。因此，两人不会从大局角度考虑，而是只会关心自己的刑期怎样才能减少，对方的得失则与自己无关。

这时，甲就会这样想：假如乙不招供，我只要一招供，马上就可以获得自由，而不招却要坐1年牢，显然招比不招要好很多；假如乙招供，我不招供就要坐10年牢，而招供只要坐8年，还是招比不招好。这样推理下来，无论乙招或不招，甲都是招供合算。如此一来，甲只能选择招供了。

同样的道理，乙也会进行如此一番的推测，得出的结论，也是自己选择招供为妙。

这样一来，两人都会选择招供，最后同时被判8年的刑期。

从博弈论上来说，这种结果对甲、乙两人来说都是最佳的，是最符合其个人利益的理性选择。两人都招供这个点，可以说是囚徒问题的一个平衡点，也就是说，只有在这个点上，任何一方试图单方面改变自己的决定，都将得到更差的结果。而在其他点上则不一定如此，比如，在甲招、乙不招的局面下，乙同样可以选择招供来减少自己的刑期。

从中我们不难得出这样一个令人尴尬的结论：在陷入囚徒困境、信息无法传递的情况下，认为对方背叛自己，并且自己也选择背叛对方能够得到比较好的结果。如果在这种情况下，一方认为对方将合作，而自己这时选择背叛依然是对自己有利的。由此来讲，从自己这方面出发，则背叛总是好的，这也是一个令人非常寒心的结论。

聪明的囚犯却没有得到最好的结果，究其原因，是双方都从自我角度出发，过于自私，才没有形成合作的局面。

2002年到2005年，在美国竞赛表演广播网（Game Show Network）放映了“是敌是友”这个节目，这是一个竞赛表演节目，它是一个真人演绎的囚徒困境的博弈例子。这个竞赛表演有三对人参与竞争，当每对人被淘汰时，他们都有机会获得一份奖品。但在领取奖品之前，两人要作一个囚徒困境的博弈，来决定奖品如何分配。具体规则为：如果两人都选择合作（也就是做朋友），他们的奖品就平分；如果一个合作而另一个背叛（也就是做敌人），那么背叛者将得到所有的奖品，合作者将一无所获；而如果两个人都选择背叛，则两人都得不到奖品，只能空手而归。

这个支付矩阵是：

如果参与者都合作，每人得到 +1。

如果都背叛，每人得到 0。

如果甲合作而乙背叛，甲得到0而乙得到 +2。

值得注意的是，这个支付矩阵与囚徒困境有所不同，在这里，发生“都背叛”的情形和“我合作而对方背叛”的情形，对于自己来说损失都是一样的。也就是说，当你知道对手将会成为自己的敌人时，

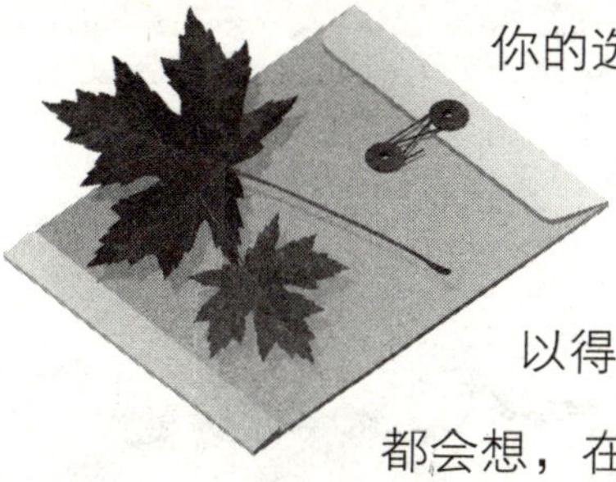

你的选择将不再对结果产生影响。在这种局面下，对于个人来说最好的结果当然就是“我背叛而对方合作”，这样自己就可以得到全部的奖品。但实际上，几乎每个人都会想，在我选择合作的情况下，对方选择合作就平分奖品，选择背叛我就一无所获，这样最好的结果是我拿走一半，且概率是50%；而在我选择背叛的情况下，对手选择合作就是我拿走全部奖品，对手选择背叛我同样一无所获，概率也各自为50%。这样比较下来，还是选择背叛要划算一些。同样，另外一个人也会有相同的想法。因此，在这个游戏中，大多数人都会选择背叛，最后两个人都拿不到奖品。

专业人士指出，这个游戏只有彼此最信任、最亲密的人，才最有可能都选择合作。因此，我们可以得出这样的结论，处于困境中时，

不要试图将自己以前的同伴、现在的对手想得很坏，或者离自己很遥远，重要的是信任与团结。就像在囚徒困境中，如果两人都相信对方不会出卖自己，而同时选择不招供，那么结果就会是两人都被判1年刑期，而并非判8年。

不过，这种选择对各自来说无疑是要冒很大风险的，要在两难的境地下冷静地保持对对方的信任，恐怕还需要很大的勇气。因此，在很多日常生活的“囚徒困境”博弈中，大多都是最好的结局出现空缺，博弈双方两败俱伤。看来，要追求相对完美的结局，还需要人们之间更多的信任，与更多的无私精神。

决胜宝典

囚徒困境给我们的启示是，在囚徒困境中，表现最好的策略直接取决于对方采用的策略，特别是取决于这个策略为发展双方合作留出多大的余地。独立于对方所用策略之外的最好决策规则是不存在的。因此，无论是在什么情况下，囚徒困境的最好策略都是建立在对方策略的基础之上的。

面对困境，巧妙逃脱

人生在世不如意事十之八九，这其中不乏有很多挫折与困境。那么，当遇到了两难的境地时，我们应该如何巧妙逃脱呢？如果你足够聪明，那么说不定就会有四两拨千斤的神奇结果出现呢！

春秋时期，楚国有一位杰出的军事家——伍子胥，他的性格十分刚烈，在青少年时期就十分喜欢习武，不但勇猛，而且足智多谋。伍子胥是官宦世家出身，他的祖父伍举、父亲伍奢和兄长伍尚都是楚国的忠臣，深得王室的信任。但在周景王二十三年时，楚平王因怀疑太子“外交诸侯，将入为乱”，竟然迁怒到了当时身职太傅的伍奢，并将伍奢和伍尚都骗到郢都外杀害了。伍子胥为了躲避杀戮，只好孤身逃到了吴国。

逃亡的过程中，伍子胥在边境上被守关的斥候抓住了，斥候十分凶狠：“你是逃犯，我必须将你抓去见楚王！”

情急之下，伍子胥故意拖延时间道：“楚王确实是在抓我，但是你知道楚王抓我的原因吗？”

斥候显得十分不耐烦："我不需要知道楚王抓你的原因，我只要将你带到楚王面前，就可以论功行赏了！"说着就要抓伍子胥走。

伍子胥从容不迫，回答道："我看不是啊，这个原因显然对你十分重要。楚王之所以要抓我，是因为有人向楚王禀报，说我有一颗价值连城的宝珠，因此楚王想将我抓回去，得到我手中的宝贝。但实际上我的宝贝已经丢掉了，但楚王却不肯相信我，还是要逼我交出，我没有办法，只好逃跑了。"

斥候不甘心："宝珠丢掉了，至少我还抓到了人，楚王肯定也会赏我的。"

伍子胥摇头道："你错了。虽然你抓到了我，还把我送到了楚王面前，但是楚王并不一定就会相信你的话。到时候，我会说是你把宝珠抢走了，还吞到了自己的肚子里。这样，楚王不但不会赏你，还肯定会剖开你的肚子来验证我的话。到时候我活不成，你也会死得很惨。"

斥候听后信以为真，并且十分害怕自己真的会落到伍子胥所说的下场。于是为了保命，就将伍子胥放走了。

这个故事中，伍子胥本来面对的是两重困境：跟斥候走，则被楚王处死；不跟斥候走，恐怕就要在反抗中受伤甚至失去性命。但是伍子胥却能够在困境中保持镇静，想出一个巧妙的解困之计，使得原本两难的境地一下子化险为夷。

不光是古代会出现很多的纷争和杀戮，当今社会光怪陆离，也会不断地产生各种危险，胆大冲动的年轻人，更是随时都有可能陷入困境当中。由此看来，年轻人不光要学一些生存的技能，还必须懂得一些在危急时刻自救的技巧，以保证自己的人身安全不受伤害。

一位年轻的女演员，深夜拍完戏后独自回家，却碰上抢劫。

“把你的耳环摘下来！”黑衣男子恶狠狠地说。

女演员强忍住恐惧，摘下了自己的耳环，扔到地上，对男子说：“我给你耳环，你不要伤害我。”说完，下意识地用手护住了自己的脖颈。

男子看到女演员的动作，觉得她一定在掩护自己的项链，说明项链应该很值钱，于是便不去捡地上的耳环，又对着女演员命令道：“把你的项链给我！”

女演员恳求着说：“不瞒你说，这个项链真的不值钱，你还是把它留给我吧。”

男子哪肯作罢，再次凶狠地威胁：“你不把项链交出来，今天就休想离开！”说完伸手强行抢走了女演员的项链，紧接着就转身跑去，消失在了夜色中。

这时，女演员深吸一口气，捡起地上的耳环，快步回家了。

原来，女演员要保护的正是自己的耳环，而不是项链。黑衣男子抢走的项链，只是几十元的玻璃制品；而那一对耳环，才是货真价实的珍品，价值十几万元。

在这场博弈中，女演员的智慧是难得的，她能够临危不乱，利用劫匪对信息的不可知，来制造信息的混乱，迷惑劫匪的判断，使其认为假的才是真的。女演员在两难的困境中，交出耳环则自己利益受损，不交则自己生命受威胁，利用一招移花接木，既化解了自己的危险，又保住了自己的利益，可谓是有勇有谋。

需要注意的是，如果你已经身陷“囚徒困境”之中，也不要乱了分寸，自作聪明，或者急着出卖对方以求自保。有时候，在困境当中也需要抛开自私，以坦诚、善良的心相对，说不定还有意想不到的收获。

小刘和小陈是一家快递公司的员工，两人平时表现都很好，因此每当公司有比较重要的业务时，都会交给他俩去完成。

一次，一个很有名望的老客户要运送一件古董花瓶到南方地区，领导特意叫来小刘和小陈执行，并再三叮嘱他们不能出任何差错。

谁知怕什么来什么，当两人开着货车在平坦的公路上行驶时，却突然在一个路口横出一辆小轿车，开车的小刘情急之下来了个急刹车，结果车倒是没撞到，车厢里的货物却发出了由于惯性相互撞在一起的声音。这时，小陈担心地说道：“其他的货物都不易碎，但是那个古董花瓶恐怕不好说啊。”小刘也十分担心，于是两人决定下车看看。谁知这一看，却造成了更大的失误。为了检验花瓶是否安然无恙，小刘将花瓶从包装箱中取了出来，看到花瓶没什么伤痕，于是转手交给小陈，让他再放回去。谁知就在这一交接间，花瓶竟被脱手砸在了地上，顷刻便成了一地碎片。

两人见状不由慌了，小刘喊道：“你怎么不接好？”小陈也不甘示弱：“你为什么不等我接好再松手？”两人争来吵去，最后只好沮丧地回去向经理汇报了。

回到公司之后，小刘趁小陈不注意，偷偷溜到经理办公室，对经理说道：“经理，这次出错真的很对不起，都是小陈太不注意了，才会酿成这样的错误。”经理听后，点了点头：“你放心，我会如实处理的。”

不多久，小陈也来到经理办公室，对经理说：“经理，这次都怪我没有尽到责任，我会承担全部后果的。小刘他家境不好，您就不要为难他了。”经理同样点点头，未置可否。

过了半个月，经理将小刘和小陈同时叫到了办公室，说道：“公司需要提升一名表现优秀的员工当部门主管，你们两个是最佳人选。但经过上一次的古董事件，我们已经确定，由小陈来担任主管一职。”听到经理的话，小刘这才后悔莫及。

两个本是搭档，却同时陷入“囚徒困境”的人，一个选择了背叛，一个继续选择了守护两人的合作关系，虽然眼前利益偏向了背叛方，但合作方却收到了意料之外的惊喜。因此，这向我们说明，即使陷入困境，也不能立刻六亲不认，只顾自己安危。只有心存善意的人，才能在博弈中笑到最后。

决胜宝典

囚徒困境有很多种表现形式，常会发生在不同的境遇中。因此在面对困境时，绝不能一概而论，而是应具体分析情况，得出最佳的解决方案。有时我们可以选择极端的手法，但有时就要注意缓和，“小不忍则乱大谋”是人人都应明白的道理，包括“囚徒”。

制造困境，坐收渔利

我们在社会上生活，其实就是在不断地发现问题、解决问题，甚至制造问题、解决问题。那么，面对处理不完的问题，什么样的方法才更能提高效率？如果你是年轻有为的领导，又如何巧妙引导员工爱岗敬业、尽职尽责？

在日常生活和工作中，我们多少都会有扮演领导者的可能，比如带领某个团队去完成一个任务。对于很多刚走上社会或工作岗位的年轻人，要十分娴熟且潇洒地完成领导交代的任务是比较困难的。而一旦在少有的机会中表现失误，那么就可能错失很多发展机会。那么，年轻人应该怎样完成领导交代的任务、怎样使小团队服从自己？又如何提高团队效率圆满地完成工作呢？也许，囚徒困境可以给你一些启示。

假如你是一个团队的小组长，手下有四五个业务员，这时，你就可以充分发挥自己的决策优势，制订一系列规定，使整个小组陷入一种囚徒困境中。比如，你可以给员工制订一些奖惩规则，按照员工的实际业绩为其打分评级，甚至直接和工资挂起钩来，绩效达不到的，就要扣除一部分工资；而绩效最高的，除了工资之外还能得到一笔不菲的奖金。这样就很容易让每个员工都觉得绩效才是唯一衡量自己工作是否完成的标准，而并非上班时间。于是，他们就会自愿地加班加点，这样领导就省心多了。

时间久了，奖金制度可能会使一些员工麻木，毕竟奖金不会太多。这时，领导者还可以采取“利诱”的方法，即私下和某些员工单独对话，表示对他的成绩非常看好，希望他再接再厉，争取获得提升的机会；或者干脆向员工透露公司提升职员的计划，以激励大家的斗志。一般来说，发展是每个人都十分重视的，比奖金的诱惑要大得多，因此领导使用这个方法，也会收到比较不错的效果。但是需要注意，这种方法不能使用得过多，更不能只开空头支票，否则不但时间久了会让员工产生“狼来了”的心理，并且还会对领导者的威信造成不良的影响。

如果一个部门成立太久，员工们都已经十分熟悉领导的做事方法与目的，那么上述策略恐怕就不那么灵验了。有些员工可能理智地发现，即使自己再努力，也只是让自己更辛苦一些，于是慢慢地对领导的“威逼利诱”产生了免疫，重新回归到能偷懒就偷懒的状态。这时，领导还可以采用两种方法来使员工积极起来。一是找一个老实且勤劳的人，这人心甘情愿地干活、多加班，然后在发工资时将奖金全部发给这个老实人。月月如此，其他的员工自然会有忌妒心理，进而产生危机意识，从而改善自己的工作态度。二是领导还可以组织一次部门与部门的竞争。不同的部门之间缺少沟通，在相互看不到的情况下就形成了信息不通的“囚徒困境”，如此一来就能同时提高两个部门的竞争力。

小到领导一个小组工作，大到一项宏伟项目的投标工作都是如此。比如，现在有一个政府的项目，需要通过公开招标的方式选择合作公司。这时，具体投标制度的建立就显得十分关键了。

拿其中一个竞标公司来举例，假设他们已经具备了丰富的经验，并且依照惯例能够预算出完成这个项目的真实成本在180万元左右，但是由于这个公司与其他竞标公司处于竞争关系，因此不可能知道其他公司预算出的真实成本。这种情况下，为了达到知己知彼，这个公司就会根据市场行情，对其他公司的成本预算作出推测。假设最终推出成本区在150万至220万之间，那么也就是说，只要投标在这个价位区间内的，都有可能成为竞标的胜者。这时公司就会算计：如果开出180万甚至更低的价格，那么不但自己赔本，使竞标没有了意义，还会打乱了市场均衡；如果开出的价格为200万，那么自己竞标成功的概率虽然小一些，但成功后却有20万元的利润。这样看来，公司必然会将竞标的价格适当抬高一些。以此类推，所有的公司都会不约而同地将价格升高，而在无意间形成一种合作的关系。

然而这对于政府显然是十分不利的，那么政府的工作人员就会想尽办法来打破公司间的这种合作，以最大限度降低自己的成本。比如，政府可以采取一些制度来约束公司的竞标价格——和出价最低的公司合作，然后付给其第二低的价格。这样，公司才愿意投出真实的成本，以争得最后的合作，而出价最低的那家公司，也可以享受到部分的利润。比如，一家公司开出了自己的真实成本价格160万元，成为了当次竞标的最低价，成为了最后的赢家；而第二低的价格是180万，这样该公司就能有20万元的利润入账。如此一来，政府既能够掌握公司真实的成本预算，又能最大限度地降低成本，且适当支付公司一些利润。

当囚徒困境中缺少一个警察的扮演者时，囚徒之间其实也可以自己制造“困境”，当然这种困境的目的是达成两者共同的利益，而绝非给自己找麻烦了。

在美国加州的一条商业街，有两家相邻而居的面包店，是附近几条街上闻名的“死对头”。两家总是为了招揽顾客而使出各种招数，甚至不惜破口大骂、大打出手。比如，今天左边这家挂出了面包20美分的牌子，很快那家就贴出面包18美分的告示；接着这边再降价，那边紧跟着也降价……如此类推，直到两家将价格降得十分低、一家停止降价为止，这样另外一家就成了赢家，而输家则往往会站在门口向着邻居破口大骂。逐渐的，这两家便在附近的居民中家喻户晓了。而对于顾客来说，最后当然都会蜂拥进入价格最低的那一家中，这家当天就会门庭若市了。

几年之后，人们突然发现了一个奇怪的现象，两家面包店突然同时消失了。据说一家的老板突然暴毙，而另一家随后也去了其他城市。人们开始有些不理解——一直处于竞争的两家，突然走了一家，另外的一家应该十分高兴才对，怎么也不顾这个大好机会搬走了呢？

一个月后，两家空商店里又陆续搬进了两个小老板，人们才知道了其中原委。原来，两家之间的墙上有一个秘密的小门，通过这个门竟然可以进入到彼此的老板的办公室中。原来两家人本是亲戚，只不过故意在演一场价格大战给顾客看，以此来轮流招揽大量的顾客。

囚徒困境不止是“困境”，懂得领略其中精髓的人，总能利用其为自己制造收益。

决胜宝典

在囚徒困境中，由于囚徒双方都是从自己的利益方面去考虑的，所以很多时候都会采取出卖对方的策略，以求得自保。这种局面往往很容易被博弈的主导者（也就是囚徒困境中的警察角色）所利用，让双方陷入困境中，就可以减少主导者在博弈中的成本付出。

名的“玄武门之变”。

斗鸡博弈中，如果形势对自己十分不利，那么就没有必要再拖拖拉拉，推动精彩的赛事给无关的局外人看，而是应该果断出击，先发制人，在对方毫无防备时将其一网打尽。

决胜宝典

气势是先发制人的必要条件，如果自己都不相信自己，那么对方就多半不会被威慑住。另外，先发制人并非盲目冲动，而是必须要做好充分的事前准备，并且要选在正确的时机，确保做到出其不意，让对手防不胜防，瞬间将其驱逐出赛场。

让对手鞭策自己进步

在遇到斗鸡博弈时，很多人真的像斗鸡场上的公鸡一般，将对手视为自己不共戴天的仇敌，只有将其置于死地，才能赢得自己的生存空间。其实，我们完全可以采取一种缓和的态度对待对手，因为换个角度看，正是对手的存在，才成就了我们的进步。

林肯顺利地在1860年美国总统大选中胜出，当选为总统。就任后，他任命参议员萨蒙·蔡斯为财政部长。当时有许多人反对这一任命，因为蔡斯虽然能干，但为人狂妄自大，十分不讨人喜欢。他也参加了总统大选，在大选中输给了林肯，但是蔡斯始终认为自己要比林肯强得多，因此不是很顺从林肯的领导。

当朋友不解地问起这件事时，林肯讲了这样一个故事："我想每一个在农村长大的朋友一定知道什么是马蝇。有一次，我和我的兄弟在肯塔基老家的一个农场犁玉米地时，一个吆马，一个扶犁。刚开始马很懒，总也不愿意动，可是过了一会儿，它却在地里跑得飞快，连我这双长腿也跟不上。等跑到了地头，我才发现，原来是一只很大的马蝇叮在了马身上，我不忍心看着这匹马被咬得生疼，就随手把马蝇打落了。我兄弟却埋怨我，并告诉我正是有了马蝇的叮咬，才使马跑得快了起来。”

林肯总统认为，虽然萨蒙·蔡斯的存在会给自己的行动带来一些障碍，也会让自己稍微感觉不舒适，但却也能够使自己进步。只有有了萨蒙·蔡斯苛刻的监督与职责，才能保证自己在工作中保持良好的状态，一丝不苟地将国事处理好。

法国科学家普鲁斯特和贝索勒为探讨定比定律，进行了长达九年的辩论。最后，普鲁斯特发现了定比定律，成为了这场大辩论的最后胜利者。

普鲁斯特并不因此而趾高气扬，得意忘形。他对贝索勒倾吐了衷心的感激之情，他说：“要不是你的质难，我是难以深入的去研究定比定律的。”他向人们宣告，发现定比定律，贝索勒有一半功劳。

贝索勒呢，虽然他是争论的失败者，但他全然不为此懊恼，反而因为在科学的争论中发现了真理而欣喜万分。于是，他提笔写信给普鲁斯特：“您发现了定比定律，可喜可贺，九年的争论，结出了果实，我向您——真理的发现者，致意！”

普鲁斯和贝索勒这对竞争九年的“对手”，最终在分出胜负后，却全然没有对对方的忌妒与恶意，反而互相道谢。原因在于，这对伟大的朋友深深地懂得对方对自己的长久的反对，有着让自己进步的巨大作用。无论结果如何，自己都在这场竞争中得到了最好的历练。

对手不是敌人，对手的存在能够让我们看到自己的不足，能够让我们正视自己的长短，能够让我们不断超越自己获得更多的资本，取得更大的发展。

有人曾经根据非洲雄狮与长颈鹿在追捕与奔逃的生存竞争中的各自表现，写下了这样一段鼓舞人心的话：每天清晨，非洲大雄狮都要告诉自己，今天我一定要努力奔跑，因为只有努力奔跑，我才能够捉住长颈鹿，得到所需的食物，让自己活下去；同样，每天清晨，长颈鹿也告诉自己，今天我一定要努力奔跑，只有跑得够快，我才能够逃脱雄狮的追捕为自己赢得一条生路。

据说，正是基于如上所说的原因，非洲的雄狮和长颈鹿比其他地方的雄狮和长颈鹿奔跑的速度要快。在与对手的激烈竞争中，它们完成了对自我的超越。

不仅在政界、自然界，在现实生活中，我们也可以很轻松地找出这样的例子。拿下棋来说，喜欢下棋的人都愿找高手过招，越是强劲的对手，下起来才越是有动力，即使开始输了，也要在后面的对弈中努力赢过对方。这其实就是鞭策自己进步的过程。同时我们也不难发现，没有人愿意陪臭棋篓子干耗时间，因为这不但使棋局毫无精彩可言，而且不会给自己带来进步。

其中的原理十分简单，无论是下棋，还是日常生活中的其他事情，只有那些人格高尚、胸怀宽广、专业技能娴熟的人，才值得自己与之一博，才能让自己在与其对弈的过程中得到最好的鞭策，同时学习到对方的优势。反过来，知识和技能水平都比自己低很多的人，对自己根本不会构成威胁，自然也不会使自己有奋斗的动力。这样的人根本不配做你的对手，你也不会选择他做你的对手。与不配做对手的人急斗，会陷入既无趣味又浪费精力的旋涡中，这是每个有头脑的人都应该避免的事情。

因此，我们要懂得让对手来鞭策自己进步，而不要一味地对对方怀有忌恨的心理。我们要感谢对手，因为真正的对手是我们的老师，能够让我们在潜移默化中学习更多的技能；真正的对手是我们的镜子，他能够及时发现我们的弱点，督促我们改正；真正的对手是我们需要拼尽全力才有可能超越的目标，同时也让我们不可避免地逼迫自己进步。

如果没有对手，我们可能永远生活在自己的小天地中，安乐于自己目前的状态，甚至陷入夜郎自大的骄傲中。而正是对手的存在，才使得我们认识到了天外有天，才使得我们的头脑由妄自尊大变得深刻冷静，才使得我们在孤芳自赏中如梦初醒。正视对手，与高手过招，我们能够不断地校正方向，我们能够不停地向前方奔跑，我们能够不悔地抵达美好的未来。

在一个美丽的草原上，有一群狼，常到附近一个牧场吃羊。于是牧场主请来猎手用一个冬季的时间围猎狼群，狼患是解除了，但过了不久，羊群开始流行疫病，羊大批地死亡，损失惨重，连医生也治不好。牧场主只好请来专家，专家的结论是找几只狼，放回附近的山里去。牧场主照做了，果然不久，羊又恢复了健康。原来，狼的骚扰使羊群经常惊悸奔跑，羊群因之体质格外健壮。

蒙牛的创始人牛根生本来在乳业巨头伊利工作，因为某些原因被迫从伊利出走。离开伊利后，牛根生白手起家，创建了蒙牛乳业。在蒙牛发展的过程中，牛根生不但不避讳伊利，而且暗地将其作为自己的竞争对手，并公开打出“向伊利学习”的口号。正是这种以对手为目标，让对手来鞭策自己的精神，造就了蒙牛今天的巨大成就。如今，蒙牛已经是能够和伊利相抗衡的十分具有实力的乳业集团。

在这个竞争激烈的社会，没有对手是一件可怕的事情，因为你会在这样的状态中渐渐失去斗志，最终被同行超越。因此，为自己树立一个对手，就是让自己进步的最好方式。

决胜宝典

在没有对手时，我们难免因贪图享受安逸，而变得懒散，失去了奋斗的动力。对手的存在，正是我们积极、努力地面对人生的动力，在对方的“鞭策”下，我们往往能更快地到达成功的彼岸。

第6章

Chapter Six

信息博弈：酒香也怕巷子深

“酒香不怕巷子深”的个体经营、口碑传承的旧式经济体制已经成为过去了。当代社会竞争下，需要的是将自己推销出去的信念和能力，只有让所有人都了解了自己，才能有机会成就自己的辉煌。

信息决定结果

我国是世界上最早建立有组织的传递信息系统的国家之一。早在三千多年前的商代，乘马传递信息就已经登上了信息传递的舞台，而今，各种高端信息传递媒介更是数不胜数。但是，信息却仍然会不断地被错误地传递，使得事态发展偏离人们的预想轨迹。

有一位姐姐刚嫁了人，有一次她的弟弟和丈夫去外地打猎，两天之后她收到了弟弟的电报："已死，是否运其尸？"姐姐看到电报后泪流满面，我丈夫都死了还问是否运其尸，还不快点运回来，于是电文"速运"。结果她弟弟运回了一只大狮子的尸体。

这当然是一个小笑话，而且有点离谱，但是从中我们却可以得出一点结论，那就是信息的重要性，否则会造成令自己很困惑的结果。

据说在1910年时，美国的某个部队里曾经发生过如下一个误传信息的笑话。

一天，营长对值班军官说："明晚大约8点钟，哈雷彗星将可能在这个地区出现，这种彗星每隔七十六年才能看见一次，命令所有士兵着野战服在操场上集合，我将向他们解释这一罕见的现象。如果下雨的话，就在礼堂集合，我为他们放一部有关彗星的影片。”

于是值班军官对连长说：“根据营长的命令，明晚8点每隔七十六年才有一次的哈雷彗星将在操场上空出现。如果下雨的话，就让士兵穿着野战服列队前往礼堂，这一罕见的现象将在那里出现。”

连长对排长说：“根据营长的命令，明晚8点，非凡的哈雷彗星将身穿野战服在礼堂中出现。如果操场上下雨，营长将下达另一个命令，这种命令每隔七十六年才会出现一次。”

排长对班长说：“明晚8点，营长将带着哈雷彗星在礼堂中出现，这是每隔七十六年才有的事。如果下雨的话，营长将命令彗星穿上野战服到操场上去。”

班长对士兵说：“在明晚8点下雨的时候，著名的七十六岁哈雷将军将在营长的陪同下身着野战服，开着他那‘彗星’牌汽车，经过操场前往礼堂。”

这是一个很好笑的笑话，信息在传递的过程中，不断地被改变，同时加入一些新的信息元素，使得信息传递到最后时已经面目全非，令人听来哭笑不得。

试想，如果这种事情并非出现在笑话中，而是在真正的战争中发生了，那么又会有怎样的结果呢?

1930年4月，阎锡山与冯玉祥结成反蒋联盟，发动了讨伐蒋介石的中原大战。紧接着，冯玉祥的作战参谋很快就拟定了一份调动部队的紧急命令：“命令某某部，昼夜兼程，直插沁阳，与阎锡山部会师……”

谁知，这个撰写命令的作战参谋官由于一时粗心大意，竟把沁阳的“沁”字多写了一撇，写成了“泌”字。这样一来，集结地点“沁阳”就变成“泌阳”。而更巧的是，偏偏河南省还真的有“泌阳”这个地名，这泌阳却在河南省的南部，离沁阳有着几百里的距离，而离湖北省只有几十公里路程。当时湖北还是蒋介石重兵驻防之地，在那里集结当然对冯阎联军不利。

冯玉祥接到调动军令后感到非常惊讶：怎么会到泌阳与阎锡山部会师呢？但是，因为冯玉祥平时治军颇严，他始终坚持军令如山的原则，因此他并没有向总部询问，立即带领部队星夜赶赴离真正会师地点相隔 200多公里的泌阳。

阎锡山部队按预定时间赶到沁阳，左等右等，眼看会师时间已过，还是看不到冯玉祥部队的影子，于是立即打电报询问冯玉祥，这才知道奉调的部队已经奉命挥师南下，背道而驰，赶去泌阳了。而蒋介石的部队却已经在湖北集结，这里离泌阳很近，冯玉祥的军队眼看就要被蒋介石部队重兵包围，他只好急令撤退。原定的作战计划已经来不及实施了。

社会是在人与人的交往中建立起来的，而人的交往，则几乎由信息的传递构成。只有了解了别人想表达的内容，才能够很好地和对方交流；也只有准确地传递出了自己的信息，才能在交流中畅通无阻。生活中很多年轻人因为谈得来而走到一起，许多情侣在有共同志向的基础上建立婚姻，也有很多夫妻因为没有共同语言而最终结束婚姻关系，其实都是信息的传递在其中起着作用。另外，生活中的一些小事，也无时不刻与信息传递有着十分紧密的联系。

阿伯特卡米洛是世界著名的心算家，对于心算之类的问题十分得心应手。

有一段时期，每天到了晚上，阿伯特卡米洛总是站在一个台子上，请台下任何一个观众给他出题。这位天才的心算家还从来没有被任何人难倒过。

这天晚上，一位先生走上台来，坐到这位心算家的对面，开始出题："一辆载着283名旅客的火车驶进车站，这时下来87人，又上去65人。"

听到这里，阿伯特卡米洛很轻蔑地笑了。那位先生不以理会，继续说着自己的题目："在下一站下去49人，上来112人。"心算家仍然付之一笑。

"在下一站下去37人，上来96人，"主考人说得飞快，"在再下一站下去74人，上来69人；再下一站下去17人，上来23人；再下一站下去55人，仅仅上来7人；在再下一站下去43人，又上来79人。"

"完了吗？"心算大师很同情地问他。

"不，请您接着算！"这位先生摇着脑袋，似乎一定要把阿伯特卡米洛绕晕。他接着说道，"火车继续往前开。到了下一站又下去137人，上来117人；再下一站下去22人，上来68人。"说到这里，他用手敲着桌子叫道："完了，卡米洛先生！"

心算大师不屑一顾地向下咧咧嘴角，问道："您现在就想知道结果吗？这可是我做过的最小儿科的问题了。"

“那当然，”主考人点着头，微笑着说，“我现在并不想知道车上还有多少旅客，只想知道，这趟车究竟停靠了多少个车站？”

阿伯特卡米洛，这位著名的心算家呆住了。

信息不完全，或者说掌握的信息完全“不对口”，那么即使你再努力地作出判断，最终的结果仍然只能是错误的。因此，无论我们做什么事情，都要努力搜集相关信息，对事件作一个全面准确的分析，而不能凭着自己的主观臆断或者以往经验妄下论断，对于涉世浅、阅历少、宜冲动的年轻人来说则更是如此。

在美国有一则家喻户晓、人人皆知的征兵广告，既幽默又充满智慧。这则征兵广告出台后，收效十分明显。它改变了死气沉沉的征兵局面，使许多美国青年改变了厌恶去当兵的想法，开始主动热情地投入征召之中。

征兵广告的内容如下。

“来当兵吧！当兵其实并不可怕。应征入伍后你无非有两种可能：有战争或者没有战争，没有战争有啥可怕的？有战争后又有两种可能：上前线或者不上前线，不上前线有啥可怕的？上前线后又有两种可能：受伤或者不受伤，不受伤又有啥可怕的？受伤后又有两种可能：轻伤和重伤，轻伤有啥可怕的？重伤后又有两种可能：可以治好和治不好，可治好有啥可怕的？治不好更不可怕，因为你已经死了。”

原来，这份别出心裁的征兵广告出自于一位著名心理学家之手。媒体记者采访他时问：“为什么这份征兵广告能够深入人心，取得这么好的效果呢？”他回答说：“当人们有了接受最坏情况的思想准备之后，就有利于应对和改善可能发生的最坏情况。”

没错，如果面对一件事情，你已经将最坏的结果都了解得很清楚，那么好的结果对于你来说，恐怕就是一个“赏赐”了。这位大师的智慧，就在于他清楚明白地帮人们分析出了当兵的利弊，消除了人们当兵就一定危险的惯常心理，从而收到了不错的效果。

决胜宝典

信息传递不光是一门科学技术，更是成为了一种博弈智慧。在博弈中，我们要获取哪些信息、主动向对手传递哪些信息、以何种方式传递信息，以及预测信息传递带来的结果，都有可能对事情的发展产生重大的影响。信息博弈，一定要微之甚微。

田忌赛马一定赢

聪明的人懂得聪明地做事，在自己和对手的实力均衡甚至自己更低一筹的情况下，如果善于巧妙地利用信息，那么也有可能将自己转到有利的位置上。在这里，当然离不开对双方信息的全面分析——知己知彼，方能百战百胜。

《史记》中有这样一个故事。

有一天，齐王要田忌和他赛马，规定每个人从自己的上、中、下三等马中各选一匹来比赛；并且规定，每有一匹马取胜可获千两黄金，每有一匹马落后要付出千两黄金。

显然，齐王每一等次的马都要比田忌同样等次的马强一些。这样一来，如果田忌用自己的上等马与齐王的上等马比，用自己的中等马与齐王的中等马比，用自己的下等马与齐王的下等马比，则田忌要输三次，因而要输黄金三千两。

正在思索不定之时，田忌的谋士孙膑走过来，给田忌出了一个主意。孙膑告诉田忌，齐王只说“从上、中、下三等马中各选一匹来比赛，而并没有明确规定必须是上等对上等、中等对中等、下等对下等”。如果利用齐王话语中的这个“空子”，来适当改变自己的策略，即让田忌用自己的下等马去与齐王的上等马比，用自己的上等马与齐王的中等马比，用自己的中等马与齐王的下等马比。田忌的下等马当然会输，但是上等马和中等马就很可能会赢。这样的话田忌听后十分高兴，便交代下人按照孙膑的方法去做。

结果果然不出孙膑所料，田忌不仅没有输掉黄金三千两，还赢了黄金一千两。

由于客观原因所限，在博弈中我们不一定能够处于强势，但是如果双方信息透明，且懂得像孙膑一样肯花脑筋分析信息，转变行动策略，那么一样能够有机会在博弈中占据主动。信息原本相对透明，但孙膑将其变为了信息不均衡的状态，也就是齐王并不知道田忌的“选手”上场顺序有变，是田忌在这场博弈中胜利的主要原因。孙膑利用信息作出最佳的决策，使得田忌赛马一定会赢。

由上面的例子我们可以看出，信息在博弈中起着十分重要的作用，它甚至可以扭转局面，使强弱两方对换，彻底改变博弈的预期结局。因此，一些聪明的人，往往会想方设法地在博弈中制造有利于自己的信息，令其对自己的胜利作出贡献。

犹太人老彼得对自己的儿子约翰说：“我说约翰，你是不是该结婚了，我有一位好姑娘要介绍给你认识。”

小约翰回答说：“得了爸爸，我自己的事您就别操心了，我已经有女朋友了。”

老彼得又说道：“可我说的这位小姐可是比尔·盖茨的女儿啊，你难道不应该考虑一下吗？”

小约翰听后眼睛一亮，不禁说道：“真的吗？这倒真是值得考虑。不过，盖茨的女儿会嫁给我这样一个无钱无势的普通小子吗？”

老彼得听后笑笑说：“只要你愿意，剩下的事情就交给我吧。”

第二天，在一个商务论坛的酒会上，经朋友介绍，老彼得见到了参加酒会的比尔·盖茨。

老彼得开门见山地对盖茨说：“嘿，盖茨，你好！听说您的千金正在择婿，我有一位优秀的小伙子要介绍给您。”

盖茨客气地回答：“真是谢谢您费心了。但是孩子的事情，就让他们自己做主吧。”

老彼得不慌不忙地说：“可我说的这位小伙子，他可是世界银行的副总裁啊。”

盖茨听后有些动容：“噢？！那倒值得考虑一下。”

得到盖茨的意见之后，第三天，老彼得就紧急约见了世行行长。

客套之后，老彼得笑着说：“听说贵行正在重组高层管理人员，我向您推荐一位优秀的小伙子来做分管顶端客户的副总裁，不知您意下如何？”

世行行长回答道：“是这样，我们已经有了考虑的人选。而且分管这方面的副总得有很好的人脉关系，以便帮助本行获得更多的存贷款份额，所以如果太年轻的话，恐怕难以胜任。谢谢您对本行的支持，如果以后有机会的话，我会很高兴考虑您推荐的那位小伙子。”

老彼得听后装作惋惜地说：“噢，原来是这样！”接着他又小声自言自语道：“那我得去微软跟盖茨说一声了。”然后他又转向行长说：“幸会，告辞了。”

行长连忙说道："请等一下，先生。您说微软的盖茨？这事儿和他有什么关系吗？"

老彼得借机说道："噢！也没什么，我说的这个小伙子马上就要成为盖茨的女婿了，盖茨也不一定会让他到别的公司工作，微软也正缺人手呢。只不过是我这个做父亲的不想让别人说儿子的闲话，所以才推荐给您的，既然您这儿已经不缺人手了，那我就推荐给别的银行看看。反正盖茨手里的钱存哪都是存。告辞了。"

行长听后急忙挽留老彼得："别别别，您看我刚才不是说了吗，我们也就是仅仅有了可供考虑的人选，如果有更优秀的人选，我们当然要择优录用。您看这样吧，请您转告贵公子，位子我给他留着，让他安心地准备婚礼，等他度完蜜月回来，随时欢迎他到敝行上任。

老彼得心中暗笑：这个老滑头，怕我说的是假的，还要留一手。他想了想说："这样吧，为了给我儿子一个不去微软的正当理由，您得把聘书先给我。"

行长沉吟一下，回答说："这样吧，我先给您一份拟聘书，等您儿子度完蜜月愿意来敝行任职，咱再正式聘用，您意下如何？"

老彼得心中窃喜，说道："呵呵，那可真是多谢您了，这就足够了。"

不久以后，小约翰娶了盖茨的女儿，当上了世行的副总裁。

在信息纷杂的当代社会生存，大部分人已经习惯了从已有的信息中分析利弊，按照常规的思维制定策略，最终只能平庸地重复早已没有新意和收益的结局。而天才的创造，更是敢于对传统的信息论和策略制订方法说不，从而拥有惊人的发现，收获最好的结果。

从前，有一个卖草帽的人，每一天他都很努力卖帽子。有一天他卖得很累，刚好旁边有一棵大树，他就把帽子放在树下，坐在树下打起盹来。等他醒来时，发现身旁的帽子都不见了，回头一看，树上有很多猴子，每个猴子的头上都有一顶草帽，他很惊慌，因为如果帽子不见了，他无法养家糊口。

然后他想到猴子很爱模仿别人，他就试着举左手。果然，猴子也跟他举左手；他拍拍手，猴子也跟着拍手。这时他想机会来了，于是赶紧把头上的帽子拿下来丢在地上，猴子们也将帽子纷纷都丢在地上，卖帽子的高高兴兴捡起帽子回家去了。

与人的智慧比起来，猴子最多算是有些小聪明，它们的那些顽皮，在人类利用信息诱骗之时，就显得太微不足道了。

决胜宝典

在任何一场博弈中，信息的决定作用都是显而易见的。也许平凡的我们没有天生的优势，但却可以在信息这一因素上下工夫，以有效改变自己不利的位置。人们的博弈行动，其实某种程度上就是在进行信息博弈。得信息、善用信息者，就已经赢得了博弈的大半。

财富就在信息中

当我们做一件事时，如果这件事人人都会做，那么我们就要力争将其做到更好；如果这件事人人都已经做得很好了，那么我们就要懂得从中发掘新的意义。信息就是这样一种宝贵的资源，只要肯发掘，财富就在其中。

当我们陷入一场博弈时，总是在最开始就会接触到很多有关的信息。但需要注意的是，这些信息也许是正确的，但绝对不可能是全部的。如果你有心创造自己的财富，那么就要懂得从现有的信息中探索未知的资源，给自己创造一个胜利的机会。

雷蒙德·克罗克是美国芝加哥一个出色的奶昔机器推销员，同时也是经销奶昔机器的老板。1954年的一天，克罗克发现圣伯丁诺市一家普通餐馆一下子就定购了8台奶昔机。“以往可从没有人一次就要买这么多机器呀。”克罗克想。为了自己能够在生意上有更好的突破，克罗克决心弄清楚这是怎么回事，于是特地赶到了圣伯丁诺。

原来，订购奶昔机器的是开餐厅的麦当劳兄弟。这两个犹太人从1937年就开始在美国开起了这家餐厅，销售一种每个15美分的汉堡包。为了能够让顾客快速方便地拿到食物，兄弟俩对经营方式进行了重大改革，采用自助式用餐，使用纸餐具，提供快速的服务。令人惊喜的是，这种独一无二的汉堡包小餐厅经营方式大获成功。后来麦当劳兄弟开始建立了连锁店，并亲自设计了金色双拱门的招牌。到1954年，已经拥有10家连锁店的麦当劳汉堡包餐厅，全年营业额竟达20万美元。但尽管如此，目光短浅的麦当劳兄弟并未意识到自己的发明具有极大的潜力，而是满足于现有成果。但是，麦当劳特别的方式震撼了克罗克。他惊奇地发现，当时正是中午，足有150多人排在麦当劳餐厅前。麦当劳的服务员快速工作着，竟然可以在15秒之内交出客人所点的食品。这种作业方式深深地吸引了克罗克的目光。克罗克马上察觉到，麦氏兄弟已经踏进了一座“金矿”。他立刻进店找到这两个犹太人，问他们生意这么好，为何不多开几家餐厅？实际上，这时克罗克心里想的还只是奶昔机器，如果每家麦当劳餐厅都买他 8 台机器的话，他就会发财了。但是兄弟二人却摇了摇头，他们指着附近的山坡说：“你看到上面那栋房子了吗？那就是我们的家。我喜欢那块地方，要是连锁餐馆开得太多了，我们就忙得甭想回家了。”

克罗克意识到，很显然，已经踏进“金矿”的麦氏兄弟却并不识“金”。

克罗克凭着多年的经验，意识到机会来了。他看准了麦当劳，决心开办连锁餐馆。第二天，克罗克就与麦氏兄弟进行协商。麦氏兄弟很快就答应给他在全国各地开连锁分店的经销权，但条件相当苛刻，规定克罗克只能抽取连锁店营业额的1.9%来作为服务费，而1.9%中只有1.4%是属于克罗克的，剩下的0.5%则归麦当劳兄弟。克罗克一心想成就一番大事业，毫不犹豫地接受了这个条件。

1955年，克罗克在芝加哥东北部开设了第一家真正意义上的现代麦当劳特许经营店。在此之前，麦当劳兄弟也曾特许他人经营，但对方多半在管理上都是极为混乱的，严重影响了麦当劳的声誉。而该店则体现了克罗克对快餐店的理解，那就是重视品质、服务、卫生和经济实惠。克罗克对餐馆的卫生要求非常严格。店铺开张早期，他天天都要到餐馆去，见到地上有脏东西就捡起来。

在一开始，克罗克就打算把该店作为未来加盟店的样板，所以他创建了一套极其严格的经营制度。以后建立特许经营系统时，克罗克也严格执行这一制度。他要求汉堡包质优味美、营养全面；服务快速敏捷、热情周到；店堂清洁卫生、环境宜人；价格合理、优质方便。并且所有以后要加盟的连锁店都要严格按照这个标准执行，否则就关掉。

当时的克罗克极为辛苦，甚至像一个年轻一样人每天工作10个小时，正如他自己所说："如果在麦当劳失败，我就走投无路了，这是一场生死之战。"而这家连锁店一炮打响，创造了年收入15.8万元的好成绩。

经过克罗克的不懈努力，到1960年时，麦当劳公司成立5周年之际，其连锁店已发展到228家，销售总额突破3800万美元。麦当劳成功了，这可以说完全是克罗克的功劳！

任何成功都不是偶然的，它不会随便垂青任何人，只有善于在信息中看到财富的人，才能给自己创造一个走向成功的机会。

宋国有一户人家，世代以漂染丝绸为业，他们的生活十分平凡，但却有一样不平凡的秘方——祖传调制防治手脚皲裂的药膏。这在当时医学并不发达的情况下可是一个赚钱的大好良机，但是这家人似乎没有足够的商业头脑，一直仅仅将其作为自己的一种用具。

后来，一位商人听说了这件事，便亲自登门拜访了这家人，并且愿意出几百两银子买下这个配方。

这家人一听，自己辛辛苦苦漂染丝绸不过能赚几两银子，而这一下子竟然能赚到几百两，自然十分高兴，很快就将配方卖给了商人。

这个商人买下配方后，便四处寻找能利用其开发商机的土壤。后来，吴国与越国发生了战争，当时正值寒冬腊月，冷风刺骨，吴国水军士兵的手脚都裂开了，根本无法持戈作战，吴国将领为此十分心急。商人认为这是个绝好的时机，便带着自己的药方来到了吴国，向吴王献上了自己的药方。吴王见到药方十分欣喜，当即赏银万两，请他调制药膏治疗士兵手脚上的皲裂。吴军也在痊愈后很快打败了越国军队。吴王更加高兴了，立刻赏赐了大片土地给商人，并封他为侯。

同样是药膏的配方，漂染丝绸的人只在冬天时为全家人治愈手脚皲裂，而并没有真正意识到其潜在的价值。富有生意头脑的商人，却一眼看出了配方中的商机。他一方面掌握了药方的信息，另一方面掌握了吴越作战的信息，并通过敏锐的感觉将这两件事物联系起来，最终从信息中得到了财富与成功。

当今社会物质、科技飞速发展，社会事态纷繁复杂，越来越多的信息让我们也越来越眼花缭乱，可是我们要在多如牛毛的信息中，找出属于自己的“真金”，让它真正地化为自己的财富。

决胜宝典

《羊皮卷》上有一句很著名的话，用来说明财富就隐藏在信息中十分恰当：“即使是风，也要嗅一嗅它的味道，你就可以知道它的来历。”在当今这个信息万变、机遇万千的社会当中，任何的风吹草动都有可能包含着让我们成功的信息，聪明的人应当随时准备抓住。

酒香也怕巷子深

在竞争日趋激烈的现代社会，加强自身的能力已经不再是我们唯一的努力，在强壮自我的同时，会展示和表现自我也越来越重要，只有把自己推销出去，让别人了解了自己，才有可能给自己赢得用武之地，找到属于自己的一片天空。

“酒香不怕巷子深”，原本是古代的一句俗语，与当时个体经营、口碑相传相匹配。而在物质生活飞速发展的今天，样式繁多的新鲜事物此起彼伏，企业也如雨后春笋般不断出现，如果还想像古时候那样等待打造自己的口碑，那么恐怕几年、甚至几十年都难以实现。因此，“酒香不怕巷子深”这句话，在今天恐怕就要改成“酒香也怕巷子深”了。若想在当今社会占有一席之地，就要想方设法将自己推销出去，让别人充分地了解自己，让信息得以最大限度地带着自己的“酒香”飘出去。

西方国家有一个书商刚出了一本新书，为了让自己的书有个不错的销量，他绞尽脑汁思考宣传策略，最后竟然拿着书去给总统送了一本，并三番五次地请求约见总统，请他谈一下对书的看法。为了表示客套，总统随意地说了句："很不错！"书商听后十分高兴，回去便大做广告："这是一本让总统觉得很不错的书！"可想而知，书刚上市就一抢而空了。

不久，这个书商又出了一本书，并且又送给了总统一本。总统吸取了上次的教训，不愿再让书商打出自己的名义，于是便说："这本书实在糟透了！"谁知这正合了书商的心意，书商利用人们的反作用心理，毅然将"总统认为很糟糕的一本书"的名号挂在了这本书上。不出所料，这本书又很快销售光了，甚至比上次的销量还好。

又过了一阵子，书商又将自己出的一本新书送给总统，请他读完之后给出意见。这次，总统为了不再让这个狡猾的商人得逞，便什么话都没有说。谁知，书商第二天便大肆做出广告："一本让总统也无法评论的书。"不难猜想，这次的销量又是十分的火爆，最后的销售总量竟远远地超过了前两次。

这个书商巧妙地根据总统的评价给书打出了广告，其中固然有故意的"曲解"，却令总统找不出毛病，因为总统确实说过类似的话。在这场博弈中，书商主要想借助的是总统的名号，而在如何让总统与自己配合，给书做出一个相符合的广告词这个问题上，书商聪明地利用了信息的不对称性。总统在面对书商时，只是为了敷衍，给出了一个勉强、简单的答案，但书商却使其以郑重的口气出现在书的销售广告上。这时，人们自然看不到总统的客套与敷衍，看到的只是书商写出的大大的"总统"字样，以及加在评语后面的感叹号。于是人们理所当然会认为，这本书是总统推荐的，至少也是总统曾经看过的。那么，销售量出奇得好就在意料之中了。

与此类似的，当今很多商家都会请名人来为自己的商品做广告，利用“名人效应”来促进自己的商品销售。比如，一些经营少女服装的商家，会请一些当红的年轻女艺人来为自己的服装做宣传；而一些药品商，则通常会请社会形象较好的老牌明星来给自己的药品销售加油打气。

酒香，自然就要让香味飘出巷子；但是假如酒酿得香味不足时怎么办呢？是丢掉这些酒让自己损失成本，还是降价作为次品出售？也许，聪明的你还可以运用另外一种方法，让“不香的酒”以更高的价格卖出去。

犹太商人鲍洛奇早年在美国一个叫杜鲁茨城的街道替老板看摊卖水果，这个街道十分繁华，周围有很多水果摊，每个商人都想尽了办法争抢顾客，竞争十分激烈。

鲍洛奇的生意不错，他服务态度好，也很会推销自己的商品，把其他摊位上的顾客也都拉过来了。这天，鲍洛奇的摊位前照例来了很多顾客，忙得他不可开交。不料，正当鲍洛奇为自己的胜利而感到得意的时候，老板贮藏水果的仓库发生了一场火灾。当消防人员赶来将大火扑灭时，16箱香蕉已被大火烤得变成了土黄色，上面显现了不少小黑点。为了减少损失，老板把这些香蕉交给了鲍洛奇，让他降价处理。

当时，普通香蕉每磅的售价是4美分，老板让鲍洛奇降价一半，以每磅2美分的价格出售。老板交代他，只要不浪费，即使价格再低一点也可以卖。

虽然得到了老板的降价特许，但鲍洛奇接过这些烤得黄黑的香蕉时，还是感到说不出的苦，因为这些香蕉恐怕免费赠送也不会有人要。但老板交代他的任务不得不完成，无奈之下，鲍洛奇只好把这些烤黑的香蕉摆到了摊上。

鲍洛奇尽职尽责地大声吆喝着，不少顾客走到他的摊前，看到这种丑陋不堪的香蕉，摇着头走开了。鲍洛奇赶忙解释："各位先生女士，你们看到的只是表面现象，虽然它们看起来很丑陋，但它们的味道很好，并且价格相当便宜，只是其他香蕉价格的一半。"但不管他怎么说，顾客还是不想买这些难看的香蕉。

鲍洛奇见香蕉没有人买，感到很生气，坐下来把那些丑陋的香蕉检查了一遍。他掰下一只香蕉，剥开那黄中带黑的皮，然后放进嘴里。这时，他发现香蕉不但一点没坏，相反由于火烤的原因，这些香蕉的味道变得更好了。吃着吃着，鲍洛奇不由得想到了一个好主意。

第二天一大早，鲍洛奇又开始了他的吆喝："各位女士先生，早上好！我刚进口了一些阿根廷香蕉，正宗的南美风味，数量有限，机会难得，快来买呀！"很快，鲍洛奇的摊前就围满了人。众人盯着这些黄中带黑的"阿根廷香蕉"，有些犹豫，因为价格有些贵，到底买不买，还拿不定主意。

看到这么多人围到自己的摊位前，鲍洛奇兴奋极了，接着他又说道："这种香蕉产在阿根廷靠海的地区，阳光充足，水分多，风味独特！我们公司好不容易批到的。”

当人们半信半疑的时候，鲍洛奇看见了一位穿着得体的小姐，于是不失时机地问：“请问您以前尝过‘阿根廷香蕉’吗？”这位小姐在摊位前看了很长时间，鲍洛奇早已注意到她了，他决定从她身上打开突破口。

“我以前从来没有尝过这种香蕉。这些香蕉很有意思，就是有点黑。”小姐说。

“这正是它们的独特之处，否则的话，它们也就不叫阿根廷香蕉了。请您尝尝，您从来没有尝过这种风味如此独特的香蕉，我敢保证！”接着马上剥了一只香蕉递到小姐的手里，小姐接过吃了一口。

鲍洛奇忙问：“味道怎么样，是不是非常独特？”

“嗯，味道确实不错。我买8磅。”小姐说。

“这样美味的阿根廷香蕉只卖10美分一磅，已经是最便宜的啦。我们公司好不容易弄到这么一点货，大家难道不想尝尝吗？错过机会您想买就买不到了。”鲍洛奇大声吆喝起来。

这时大家不再犹豫，纷纷掏出钱来，想尝尝这种“进口香蕉”的味道。于是你来5磅，他来3磅，很快，16箱被大火烤过的香蕉竟然以高出市价一倍多的价钱全卖出去了，甚至还有许多慕名来买“进口香蕉”的人因没有买到失望而归，备感遗憾。

在不违背自己商业道德（香蕉并没有变质，对人体没有危害，而且味道更好了）的前提下，鲍洛奇隐瞒了原有的香蕉被烤黑的真实信息，而自我制造了进口“阿根廷香蕉”的信息，达到了老板的要求，且使老板因此赚了一大笔。这就是鲍洛奇让自己的“不香的酒飘出巷子”的方法。

决胜宝典

在今天竞争激烈的商业社会，信息传递慢是一个十分致命的因素，它可能会成为成功之路上延误你的绊脚石。讲求效率，快速地将自己的商品推销出去，那么你就相当于向成功迈进了一步。当然，传递信息的方法多种多样，使用过程中一定要懂得变通。

永远不要自作聪明

在博弈过程中，很多人往往会想当然，觉得自己掌握了比对方更多的信息，甚至轻视对方，认为对方的博弈实力远不如自己。于是便自作聪明，不怀好意地对其进行欺骗，结果往往是搬起石头砸自己的脚。

巴黎古董收藏家安达列先生下乡搜集古董，他在一个农夫家发现了一只中世纪时期的古董小碟子，主人却在用它给猫喝牛奶。

安达列惊喜极了，便问那位农夫："您这只小猫可真漂亮。我真想给我的小儿子买下来，那他准会高兴极了。您同意卖吗？"

"当然，您如果非常想买的话。"

安达列付了一大笔钱之后，说："这小猫一定习惯用这只旧碟喝奶，我可以把这只碟子也一块儿拿走吗？"

"那可不行，先生。"农夫嚷道，"您把碟子放下吧，它使我两天之内卖掉了六只猫。"

安达列想了想，说道："既然如此，那这样好了，我再给您两只猫的价钱，只要您让我带走这只碟子就可以。这样您能白白赚很多钱，您意下如何呢？”

农夫见安达列仍没有明白自己的意思，只好说道：“尊敬的先生，您还是不要白费力气了。这只碟子之所以能帮我卖掉小猫，是因为它是中世纪的古董，我是绝对不会把它卖掉的。”

很多自以为聪明的人，最后常常因为自以为是而上当；许多看似愚笨的人，因为害怕上当受骗，所以时时战战兢兢，如履薄冰，于是免遭许多不幸。所以看似愚蠢，也不一定真愚蠢，在博弈时，千万不可轻视对方，最后自己却闹出笑话。

明朝正德年间（1506—1521年），福建福州府城内朱紫坊有个秀才叫郑堂，他琴棋书画、诗词歌赋样样皆通。某年，他在繁华的鼓楼开了个字画店，几个月下来，生意兴隆。

一次，有个叫龚智远的人，拿了一幅五代名画家的传世之作《韩熙载夜宴图》来押当。郑堂知道，这可是件稀世之宝，因此心中大喜，当场付了八千两银子，龚智远答应到期愿还一万五千两。

一晃就到了最后期限，可是仍不见龚智远过来赎画。郑堂取出那幅画，在放大镜下仔细察看，这才发现是幅假画。

郑堂被骗去八千两银子的消息，在一夜之间不胫而走，一下子惊动了全城的同行。

第三天，郑堂在家里办了10桌酒席，邀请全城士子名流和字画行家聚宴。这晚宾客来得很齐，有的抱着关切的心情来，有的抱着吸取教训的心情来，也有的抱着看热闹的心情来，更有一些人是抱着幸灾乐祸的心情来的。

酒饮一半，郑堂从内室取出那幅画，挂在大厅堂的正中，对大家说："今天宴请诸位，一方面是向大家表示郑某立志字画行业，决不因此罢休的决心；另一方面意思是，让我们同行共看假画，认识一下骗子是如何用巧妙的手段以假乱真的。"

同行们看完假画后，都说："郑先生使我们开了眼界，避免以后受骗上当，真是功德无量！"

这时，郑堂把假画投进火炉，边烧边说道："不能留此假画害人！"郑堂烧画，一夜之间又轰动了整个福州城。

第二天，郑堂来到店里，却见龚智远已坐在那里等着他，说是有事而误了银子的还期。郑堂说："只误三天，无妨，但需加三成利息。"一算，共计本息达一万五千二百四十两银子。

那龚智远早知画已烧了，所以并不害怕，就说："好，兑银，请郑先生兑画！"郑堂进内取出那幅画，龚智远给了银两。龚智远接画在手，迅速展开一看，不由得两腿一软，几乎瘫了下来。

原来郑堂在宴席上烧的画，是自己仿造的另一幅。事实上，曾经上当受骗的郑堂早已察出这幅画是假的，当时故作不知，以图让龚智远就范。随后，郑堂照这幅画仿造了一轴，同时故意四处声张自己受骗了，然后设宴毁画，故意让典画的幕后策划者知道，让他主动送来本息巨金。

信息博弈的重点和看点都在于，对于对方所掌握的信息，自己并不能完全明了，这同时也给双方的博弈带来了困难。有些人自认为掌握了一部分信息，就自作聪明，甚至将对方认定为傻瓜，于是自行其是，企图蒙蔽对方。但也许实际上对方已经掌握了自己的行踪，甚至也布下了圈套，最终使自作聪明的人反被自己的聪明所误，毁在自己的自大上。

有这样一个笑话，反映了在一场恋爱博弈中，信息不对称的情况下，自作聪明造成的一拍两散的结局。

哈里是一个单身的小伙子，看着别人成双成对，他也很渴望谈一场美妙的恋爱。

一次，一个朋友给哈里介绍对象。他给了哈里一个电话号码，让哈里自己找对方“联系”。哈里觉得这种约会方式有些不妥，但还是给女孩打了个电话。

她的声音很好听，于是哈里自然而然地想象她的相貌也不错，哈里心里自然十分高兴。

电话中，女孩说她知道哈里的情况，并说她马上就动身到哈里这儿来。但是她的学校离哈里这儿挺远，至少要换3次车。哈里当然不忍心让她受累，连忙劝她不要来，在学校等他去。

她坚持说还是她来，哈里也说最好是他去。不巧的是，电话刚好在这时候断了。哈里急忙再打，却打不通了。这一来哈里没了主意：“我们的分歧还未解决，究竟是我去，还是她来？”哈里犹豫了半天，最终认为第一次打交道，还是顺着她为好。

结果是，哈里空等了一个下午。

第二天哈里又给女孩打了电话。

“我等了你好长时间。”她说。

哈里解释了一番，表明自己也在学校等待了很久，只是怕女孩来找自己时找不到，然后请她在电话还未断之前决定今天的见面地点。

“好像没有必要了。”女孩有些不高兴地说。

“为什么？”哈里不解地问道。

“我们俩都有点太精明了。”她在电话里笑着说，“要是昨天下午我和你都扑了空该多好，你说呢？”

哈里说：“的确，我觉得那样的场面确实很感人。”

女孩没有再说什么，慢慢地放下了电话。

而令人出乎意料的是，这一天，他们都扑了空。

第三天女孩主动打来电话，向哈里大发了一通脾气，说她无论如何也不能嫁给一个跟她一样傻的家伙。

哈里苦笑不得，他最后终于想明白了，对待爱情问题不要过于精明，否则就会聪明反被聪明误。

其实，不仅是对待爱情，对待生活中的很多事情，我们都应该抱有这样的一种态度。在作出每一个选择时，都要确保自己对对方的行动有较准确的了解，否则很有可能在行动上与对方产生冲突，最终导致不利的结局产生。

决胜宝典

因为我们并非预知万事的神仙，无法猜测对方的想法和意图，更是对对方的现状没有足够的了解，因此，我们要做的是踏实地走好目前的每一步，而不是对对方妄加猜测，自作聪明地行动，最后反而使自己陷入不利的形势。

第7章

Chapter Seven

猎鹿博弈：以合作实现双赢

一滴水的力量是微小的，只有融入大海才能永久保持其价值；一个人的力量是有限的，只有融入集体，才能深层挖掘自己的潜能。我们生活在一个大的集体中，无论做什么事情都离不开协作，独木不成林，单飞是行不通的。

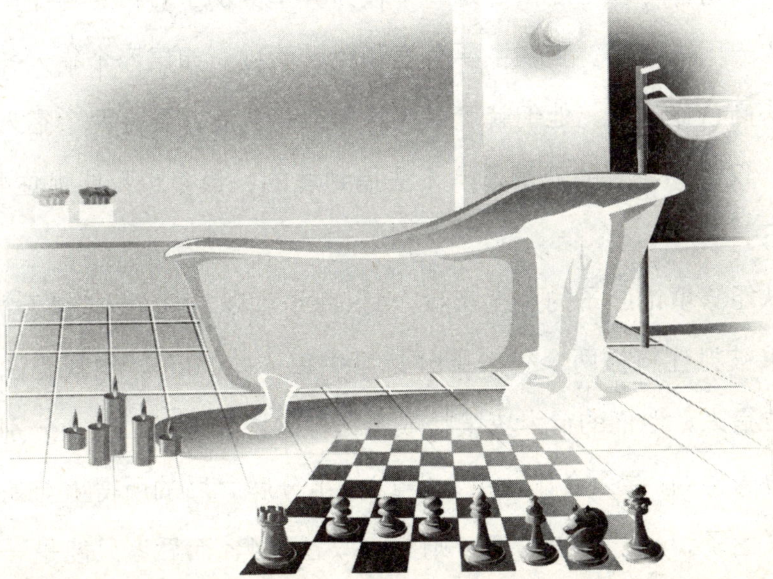

永远不要单独作战

孤木难成林，此时我们要尽量避免战争。一个人作战，吃亏的可能性永远是最大的。身边有同伴时，我们要极力说服其与自己结为同盟，几人为友，胜算就会增加几倍。

合作博弈中，猎鹿博弈是一个较为典型的例子。设想村庄里有两个猎人一同去打猎，猎物主要有鹿和兔子两种。如果两个猎人齐心合力，协商合作的话，他们就可以共同捕得一头鹿；要是两个猎人各自行动，仅凭一个人的力量，是无法捕到鹿的，最多也只能抓住4只兔子而已。

从能够填饱肚子的角度来看，4只兔子可以供一个人吃4天；1只鹿如果被抓住将被两个猎人平分，可供每人吃10天。也就是说，对于两位猎人，他们的行为决策就成为这样的博弈形式：要么分别打兔子，每人得4；要么合作，每人得10（平分鹿之后的所得）。如果一个去抓兔子，另一个去打鹿，则前者收益为4，而后者只能是一无所获，收益为0。在这个博弈中，要么两人分别打4只兔子，每人吃饱4

天；要么大家合作，每人吃饱10天，这就是这场博弈中两个可能出现的结局。

从上述分析中我们可以得出，两人合作猎鹿，对于双方来说都是最佳的选择，这样产生的结果对每个人来说都是收益最多的结果。如果两个猎人单独行动，那么结果就要比两人一起去猎鹿要差得多。那么，我们就可以从这里得出一个结论：永远不要单独行动，只要在可能的情况下，就要尽量与他人合作，一个人的力量，显然不如一个团队的力量大。就算是诸葛亮那样的智者，在人们客观看来也顶不上“三个臭皮匠”。

猎鹿博弈启示我们，双赢的可能性都是存在的，而且人们可以通过采取各种举措达成这一局面，而合作是利益最大化的武器。

十九世纪时，德国有两个非常杰出的化学家——维勒和李比希。他们二人的性格差异十分大，李比希热情开放，而维勒则内向文静。虽然个性有异，但两人的感情十分好。在工作上，二人密切合作，致力于化学研究。两个人联手合作，对化学作出了十分重要的贡献。

李比希曾经在自传中这样说：“我最大的幸运，就是有一个志同道合的朋友。多年来我和这位朋友真诚合作，毫无隔阂……携手向前，这一位行动时，那一位已经做好准备。”

正是由于两人真诚的合作，才创造出了科学研究史上的辉煌成绩。

一个人不能完成的事情，就要加入团队当中，通过大家的努力一同来完成。团队的力量是庞大的，但是团队中的每个人都有自己的利益点和想法，随着时间的推移，团队成员为了维护自己的利益，可能会在某些问题上出现不同的意见。这时如果放弃了团队的精神，各怀心事，那么不但团队的合作无法实现，还会给团队中的每个人都带来利益的威胁。

有三只小老鼠，一天它们在一个厨房里发现了一个大油缸，里面还有厚厚一层油。三只小老鼠眼睛顿时亮了起来，它们商量，要一起去偷油喝。

由于油缸太深，里面的油也不太多，因此小老鼠们根本够不到油，只能趴在油缸边上闻闻油的香味。眼看着肥油在眼前却吃不到嘴里，小老鼠别提多着急了。这时，一个老鼠提议，让一只老鼠咬着另外一只的尾巴，然后将其吊下缸去喝油。另外两只老鼠都觉得这是个不错的提议，于是一拍即合，并决定三只老鼠轮流来喝，谁也不能独吞缸里的油。

第一个小老鼠率先被吊着放下了油缸，刚到达缸底，小老鼠就想：就这么一点油，还要我们三个轮流来喝，这多不过瘾。我今天运气好，第一个下来了，倒不如我自己喝完算了。这时，夹在中间的第二个小老鼠见第一个小老鼠在思考着什么，便担心它会将油全部喝完，于是他想：我干脆放它下去，自己也下去喝一场得了。否则让它独自享用，我岂不是白忙活一场？第三只小老鼠也不例外，也产生了类似的想法，它也想将前面两只老鼠放下，自己也跳下去喝个痛快。

就这样，第二只老鼠放开了第一只老鼠，第三只老鼠放开了第二只老鼠，三只老鼠都跳到缸中，敞开胃口大喝了一场。

喝完后，三只老鼠才发现，由于油缸过深，它们三个已经没有办法再出去了，只能眼睁睁地在油缸中坐以待毙。

这三只小老鼠，表面上看起来是在寻求合作，其实在合作的过程中各自心怀鬼胎，都想独自霸占劳动成果，这种合作是不会有好的结果产生的。因此，在合作中，我们必须要有一个良好的态度，一旦选择了合作，就要遵守制定好的规则，否则最后吃亏的还会是自己。

西晋的司马氏在最初统一中国时，其政权并不稳定，在经过连年的战乱之后，地方割据的残余势力依然没有完全被瓦解。不仅如此，司马氏皇室子弟之间的权力斗争也十分激烈，其中比较有势力的是东海王司马越。几十年后，司马越终于联合其他藩王，发动了宫廷内战，借以夺得皇帝的宝座，这就是历史上有名的“八王之乱”。这样一来，由于藩王们的内战和北方少数民族的入侵，中国北方陷入了频繁的战争之中。最终，中国北方一带被匈奴等少数民族占去，而司马越也在内争外战中死去了。

这时，由于西晋司马氏的皇族在战争中死伤过半，幸存的皇族出于恐慌纷纷准备渡过长江逃避战乱。当时，琅琊王司马睿势单力薄，在渡江之前只想着如何避难，并没有考虑渡江之后的计划。这时，一对王氏兄弟——王导和王敦出现了，表示愿意扶持司马睿渡江之后做皇帝，司马睿自然十分高兴。这王氏兄弟其实一直想在政治上有所作为，但苦于自己不是司马氏家族的人，所以有心无力。这次，他们见到了落难的皇室子弟，便准备借机成就自己的一番壮志。

经过一番密谋和经营，王氏兄弟最终联合各大家族，推举司马睿做了皇帝，史称晋元帝，从此建立了偏安东南百余年的东晋王朝。

在这整个扶持司马睿的过程中，王氏兄弟的功劳无疑是最高的，但王氏兄弟也明白，即使自己功劳再大，但并非皇族的人，要想以后能够在朝廷飞黄腾达是比较困难的。但是，两人也知道自己的优势，即自己已经有了一定的政治和经济地位，甚至高过司马皇室。因此，司马睿要想把王氏兄弟拿下也几乎是不可能的。这样一来，两个势力之间就无形地形成了一种猎鹿博弈，即你不威胁我，我也不干涉你，以保证各自的安定，避免强强相争带来的俱损。

这里王氏兄弟和司马睿可以说都是博弈高手，他们都懂得互不侵犯的重要性，以及相互争斗会带来的不良结局。因此，他们无形中达成了一种默契，选择了静态的博弈，使双方都享受了长久的稳定。

合作博弈的形式多样，只要在博弈中不打乱原有的合作局面，那么局势最终就会向着好的方向发展。

决胜宝典

博弈论中有个词叫做“帕累托优势”，其最初主要指的是资源分配的一种状态，即在不使任何人的境况变坏的情况下，也不会再使任何人的境况变好，也就是一种结果最佳时的合作状态。在社会科学中，帕累托优势的延伸意义是利用自己的优势永远在给定的条件下所能筛选的最有利的策略。

合作才是共赢的有效途径

小时候，我们都听过“蚂蚁搬家”的故事，一个蚂蚁的力量是微小的，然而，当它们团结一心时，就可以搬动比自己身体大几倍、甚至十几倍的物体，可见，集体的力量是无穷的，只要肯合作，那“共赢”就在离我们不远的地方。

2009年8月29日，武汉东湖高新区从东一产业园到光谷生物城，人们全都在欢腾热烈地庆祝着什么。原来，武汉生物技术研究院、国药控股湖北物流中心、500兆瓦太阳能电站三大项目同时动工兴建。

同一天开工三个大项目，这种大气魄在全国高新区中并不多见，何况这三大项目都大有来头：研究院将汇集全球生物研发力量，物流中心有望成为华中最大的专业药品冷库，太阳能项目总投资高达4.5亿美元！

光谷是如何引进这些大项目的？他们如此有把握的信心来源是什么？原来，光谷人的智慧和信心，都来源于高端人才的汇集。光谷人表示，研究院建成后，他们将引进40名首席科学家、100名高级研究人员，聘用100名辅助研究人员和20名管理人员，招收400名博士研究生和200名博士后研究人员。一个刚奠基的研究院竟有如此气魄，就不得不令所有人为之豪情满怀了。这些著名的学者，也许在各自原本的生活圈中也能安逸地劳动和生活，但如果会聚到了一起，那么就将是一股巨大的力量了。正如“海纳百川，有容乃大”，只有万千河流汇集在一起，才能造就大海的浩瀚，也只有高度开放，博采众长，才能最终走向成功与辉煌。

光谷人的智慧，在于他们深深懂得“众人拾柴火焰高”，只有每个人、每个团队都贡献出自己的力量，才能打造生物领域的最高极。因此，他们致力于将研究院建成为一个融合着“多种部队”智慧的“集团军”，是非常合理且成功的。

在竞争激烈的今天，即使你已经是一个实力非常强的个体，但若独自作战，还是要面对很大的风险的。在没有百分之百的把握时，不妨结合一个同盟，也许结果能让你喜出望外。

2006年即将过去时，有人曾对几年以来各大商家的促销活动作了一个盘点，结果发现，不管其他商家的促销大战如何上演、花样如何翻新，苏泊尔、金龙鱼联合促销带来的双赢效果，永远是最吸引人们眼球的。

2003年的冬天，我国刚刚成功地战胜了非典。恰逢春节来临之际，人们的热情自然十分高涨。就在这时，苏泊尔和金龙鱼两大品牌，联手在全国800家卖场开展了大型促销活动——“好油好锅、健康新食尚”。

凡在活动期间（2003年12月25日—2004年1月25日），消费者只要购买一瓶金龙鱼第二代调和油或AE色拉油，即可领取红运刮刮卡一张，则可有机会赢得新年大奖，奖品包括苏泊尔高档套锅、14厘米奶锅、苏泊尔“一口煎”以及丰富多彩的健康美食菜谱、新春对联等。活动期间，购买108元以下的苏泊尔炊具，每张红运刮刮卡可抵现金5元；购买108元以上的苏泊尔炊具，可获赠900毫升金龙鱼第二代调和油一瓶。

苏泊尔是中国最大的炊具制造商，是炊具健康潮流的领导者，在全行业率先通过美国UL安全体系认证，先后获得“中国驰名商标”等多项荣誉，有“中国厨具第一品牌”的美誉。而金龙鱼，也是中国食用油第一品牌，更是中国人多年来十分青睐的老字号。一个生产“好锅”，一个经营“好油”，两家联合起来，无疑的确是“好锅好油”。

此次苏泊尔与金龙鱼联手举办大型促销活动，是基于双方在“提倡优质生活、倡导健康美食”品牌理念上的契合，目的是集中双方优

势，共同打造健康饮食文化，提升消费者的健康生活水平。有这样的宗旨，再加上非同一般的优惠和奖品，“好油好锅”联合促销活动一推出，立刻受到了广大消费者的欢迎。

好油，吃得放心；好锅，用得放心；好油好锅，完美搭配，消费者纷纷解囊购买。短短一段时间，苏泊尔各种系列炊具销售量不断上涨，金龙鱼第二代调和油更是趁这股东风，业绩达到历史新高，双方均从此次活动中获利颇丰。

金龙鱼和苏泊尔的联合促销，显示出强强联合、优势互补新营销

模式的威力，对那种“唯我得利，不让他人分沾”的营销理念是很好的回击。除此之外，联合促销的益处还在于，促销的成本费用由各方分摊，降低了各方促销的投资，却可能收到更好的效果；联合促销有时能获得单独促销无法得到的惊喜，使销售势头更加旺盛；一般企业与名牌商品联合促销，还可以借对方产品的知名度为自己增加新的消费群体。

在经济一体化的今天，企业之间寻求合作，可以帮助双方找到更广阔的资源，学习更好的经营模式，最重要的是，彼此能够在合作中同时获得更高的利益，也能共同承担责任，这对于每个合作者来说都是十分有益的。

战国时期的荀子曾经说过：“人，力不如牛，走不若马。而牛马为用，何也？曰：人能群，彼不能群也。”荀子认为，若比力量，人不如牛；若比行走能力，人不如马。但在现实生活中，牛、马却都为人所用。荀子将这种情况出现的原因，归结为人有更大的智慧，懂得协同合作，而牛、马之类则限于智商，无法达到合作的状态。而团结的力量是无穷的，人能够团结起来，就有无穷的智慧和力量，让其他所有的事、物都为自己所用，何况牛、马？

一个猎人出去打猎，收获颇丰，准备回家的时候，他的小车上已经堆满了各种动物的鲜肉之躯。

猎人推着车不慌不忙地向家里走去，当走到一个分岔口时，突然内急，看看四周无人，便将小车停在原地，自己到附近的树林里去小解了。

这时，两只狼鬼鬼祟祟地冒了出来。原来，这两只狼早就闻到了肉的味道，远远地跟在猎人身后很久了。这时，它们见猎人走远了，便偷偷钻了出来，准备拉着小车扬长而去。

但是，在走哪条路的问题上，两只狼发生了分歧：一只狼主张走大路，因为大路平坦，可以走得更快些；而另一只狼则认为走小道才能更快，因为小道近些。两只狼意见不一，竟为此争执了起来。

不一会儿，猎人回来了，看到这幅场景，立刻举起猎枪，将两只狼都打死了。猎人的车里，又多了两大鲜肉之躯。

合作能让彼此的利益最大化，而不合作，则不但原本的利益化为乌有，还可能会给自己带来灾难。由此可见，合作对于每个个体来说都是最佳选择。

决胜宝典

合作就是力量，正如一个巴掌是拍不响的，如果它想做些什么，就需要有另一只手的配合。合作是一种精神，它无处不在，关键就看你是不是独具慧眼，能够发现潜在的合作。而一旦发现并很好地利用，那么合作的精神力量就是难以限制的。

在合作中学会取长补短

俗话说："寸有所长，尺有所短。"每个人都具备自己的优势，而同时也都有各自不足的地方。我们要把自己的目光放高放远，不要局限于一个人的奋战，而要彼此取长补短，以通过合作的方式去完成，并且彼此之间学会取长补短，将对方的优势转化为自己永久的优势。

从前，有一对朋友住在一所破房子里相依为命，他们的日子过得很苦，因为他们一个是瞎子，一个是瘸子。有一天，房子失火了，瘸子和瞎子都害怕极了，因为他们两个都身有残障，逃生很难。但是他们临危不乱，瘸子指给瞎子逃生的路，而瞎子背起瘸子快速地跑。于是两个人都幸免于难。

这便是两个人在合作中取长补短的结果。这对朋友懂得将劣势隐藏起来，将优势发挥出来，从而能够实现保全自我的目的。

有这样一个小寓言故事。

有一天，大象和蚂蚁发生了一场争论，它俩都认为自己的力气比对方大。

大象指着一棵大树对蚂蚁说："你能拔起这棵树吗？"

蚂蚁无能为力。大象就用鼻子把树连根拔起，并得意地向蚂蚁炫耀："这下你得承认我比你的力气大了吧？"

这时，蚂蚁走到一片草叶前，对大象说："你能搬动这片草叶吗？"

大象嗤笑着说："我连大树都能连根拔起，这区区小草叶有什么不可以？"说着就走过去，用鼻子去够那片草叶。谁知，由于大象的鼻子过于粗大，竟无论如何也不能用鼻子卷起地上的草叶来。

蚂蚁走过去，轻巧地就背起了草叶，并能背着草叶轻松自如地走来走去。

就这样，大象和蚂蚁争执不下，最后它们只好请天神来评判。天神听了它们各自诉说的理由，也无法判断谁的力气大。

天神之所以无法评判，是因为天神能够客观地看到，大象和蚂蚁都有各自的长处：大象虽然能够举起更重的物体，蚂蚁却能够抬起比自己重很多倍的东西。因此，两人的力气大小是很难客观判定的。

同时，这个故事也告诉我们，无论是强者还是弱者都有各自的长处，我们在对待别人的优缺点时，一定要在尊重的基础上，懂得取长补短，这样才不至于目光短浅，贻笑大方。

处理平常的事情尚且如此，在遇到困难时，就更需要注意发掘同伴的优势了，只要双方达成协作，以长补短，就有可能在最短的时间内脱离困境。

从前，有两个饥饿的人得到一个长者的恩赐，一根鱼竿和一篓鲜活硕大的鱼。其中一个人要了鱼竿，另一个人要了一篓鱼，他们得到各自想要的东西后，分道扬镳。得到鱼的人马上把鱼烧熟吃了，鱼吃完后他死在了空空的鱼篓边。得到鱼竿的人向海边走去，因为他知道海里有鱼，当他看到海洋的蔚蓝，用尽了最后的力气向海边跑去时，却在到达后死在了海边。

另外同样有两个饥饿的人，他们也得到了同样的一根鱼竿和一篓鲜活硕大的鱼。所不同的是，他们没有分开。而是一起每餐煮一条鱼，然后向遥远的海边走去。从此他们过着以捕鱼为生的日子，过几年之后，他们盖上了自己的房子，后来又各自取了妻子，生了小孩，过着幸福美满的生活。

两个故事中，每个人所具备的东西都是一样的，但却出现了前后两种截然不同的结果。这是因为前者缺少合作精神，而后者懂得通过合作相互帮助，取长补短。

越国人甲父史和公石师是两个官员，他们各有所长，甲父史擅于计谋，但处世很不果断；公石师处世果断，却缺少心计，常犯疏忽大意的错误。无论在工作还是生活上，这两个人的关系都很好，所以他们常能取长补短，合谋共事。因此，他们虽然是两个人，但好像有一条心，久而久之就达成了一种默契——这两个人无论一起去干什么，总是心想事成。

但两个人在一起相处久了，难免会有一些小摩擦。有一次，他们在一些小事上发生了冲突，吵完架后就分道扬镳了。而这之后，他们因为失去了好搭档，都在自己的政务中屡获败绩。

一个叫密须奋的人对此感到十分痛心。他哭着规劝两人说："你们听说过海里的水母没有？它没有眼睛，靠虾来带路，而虾则分享着水母的食物，这二者互相依存、缺一不可。我们再看一看王吉，它是一种带有螺壳的共栖动物，寄生蟹把它的腹部当作巢穴。当王吉饥饿了，就靠螃蟹出去觅食。螃蟹回来以后，王吉吃到了食物，而螃蟹则有了巢穴安家，这又是一个谁也离不开谁的例子。让我们再看一个例子，不知你们听说过蟨鼠没有。它前足短，善求食而不善行。可是卬卬岠虚则四足高、善走路而不善求食。平时卬卬岠虚靠蟨鼠提供的甘草生活；一旦遭遇劫难，卬卬岠虚则背着蟨鼠逃跑。它们也是互相依赖的。恐怕你们还没有见过双方不能分开的另一典型例子，那就是西域的二头鸟。这种鸟有两个头共长在一个身子上，但是彼此妒忌、互不相容。两个鸟头饥饿起来互相啄咬，其中的一个睡着了，另一个就往它嘴里塞毒草。如果睡梦中的鸟头咽下了毒草，两个鸟头就会一起死去，它们谁也不能从分裂中得到好处。下面我再举一个人类的例子。北方有一种肩并肩长在一起的'比肩人'。他们轮流着吃喝、交替着看东西，死一个则全死，同样是二者不可分离。现在你们两人与这种'比肩人'非常相似。你们和'比肩人'的区别仅仅在于，'比肩人'是通过形体，而你们是通过事业联系在一起的。既然你们独自处世时连连失败，为什么还不和好呢？"

甲父史和公石师听了密须奋的劝解，对视着会意地说："要不是密须奋这番道理讲得好，我们还会单枪匹马受更多的挫折！"于是，两人言归于好，重新在一起合作共事。

密须奋一连讲了5个小寓言故事，并对比甲父史和公石师的经验、教训，说服两人重修了旧好。另外，这个故事也告诉大家，生物界中各种个体的能力是非常有限的。在争生存、求发展的斗争中，只有坚持团结合作、取长补短，才能赢得一个又一个的胜利。

一天，五根手指在一起闲着没事，就谁是最优秀的话题争吵了起来。

大拇指说："在咱们五个当中我是最棒的。你们看，首先，我是最粗最壮的一个；并且，无论赞美谁，夸奖谁，都把我竖起来，所以我是最棒的……"

这时，食指站了出来，说："咱们五个我是最厉害的，谁要是出现错误，谁有不对的地方，我都会把他指出来……"

中指也拍拍胸脯骄傲地说："看你们一个个矮的矮，小的小，哪有一个像样的，其实我才是真正顶天立地的英雄……"

这时到无名指了，它更是不服气："你们都别说了，人们最信任的就属我了，你们看，当一对情侣喜结良缘的时候，那颗代表着真爱的钻戒不都戴在我的身上吗？"

别看小指矮矮矬矬的，可它最有精神，它说："你们都别说了，看我长得小吗？当每个人虔心拜佛、祈祷的时候，不都把我放在最前面吗？"

其实每个人都有自己的长处，也都有缺点，五个长短不一、功能各异的手指更是如此，且更加需要团队合作，否则，恐怕连吃饭的碗都端不起来。因此，我们不应只看到自己的长处，而更应该懂得只有合作才能使每个个体的能力发挥到最佳的道理。只要能取人长、补己短，这样的相互合作才是最完美的。

决胜宝典

懂得取长补短、共同发展的人，才能把自己的希望和成功结合起来，才有可能成为一个成功的人。如果一个人只顾眼前的利益，或者只顾自身的利益，不懂得双赢和共同发展，那么他得到的只能是短暂的欢愉，而无法拥有长久的成就。

“双赢”才是真赢

“覆巢之下无完卵”，合作的双方同在一条船上，其中一人失败，另一个人也不会有好下场。因此，一旦建立了合作关系之后，就要将彼此的利益放在一起，努力实现双赢的局面，而不能只顾自己的得失。

三国时期，有次曹操要征南，打算早日消灭刘备和孙权。孔融劝曹操不要急于出兵。曹操哪里肯听这意见，于是便不加理睬。背地里孔融发了几句牢骚，谁知不小心被他的仇人偷听到了。那个人添油加醋挑拨，把孔融的话传给曹操，还说孔融一向目中无他人，从来对曹公就看不惯。曹操一听，顿时很生气，当即下命令把孔融一家抄斩。

曹操派人到孔融家中抓人时，全家里里外外都害怕得不行，但是他的两个八九岁的孩子却像原来那样在玩琢钉的游戏，没有一点惶恐的样子。家人以为孩子不懂事，大祸临头还不知道，便偷偷地叫他们赶快逃跑。孔融也对执行逮捕任务的使者恳求说：“我希望只加罪于我本人，两个孩子能不能保全？”不料两个孩子竟不慌不忙地说：“父亲，你不要恳求他们了，他们不会放过我们的，鸟巢倾覆了，怎么可能有完整的蛋？”后来，两个孩子真的从从容容地跟着父亲赶赴了刑场。

两个孩子的话告诉我们一个道理，当团队要灭亡时，自己想求得生存是不可能的事情，因此，我们在寻求合作的同时，也要兼顾对方的利益，而不能只求个人的生存和发展。

不久以前，一位来中国观光的美国老太太，来到一所学校，称要请几个孩子完成自己的一个游戏。她在一群中国孩子中指点了三下，于是三个孩子——一个10岁的女孩，一个7岁的男孩和一个5岁的女孩，便站到了这位美国老太太的面前。

美国老太太拿出一只玻璃瓶子，只见这只瓶子瓶肚很大，瓶口很小。三只刚能通过瓶口的小球躺在瓶底，每只小球上各系有一根丝绳，绳的这一头从瓶口伸出来，攥在这位老太太的手里。

美国老太太笑了一下说：“都说中国人是世界上最聪明的，现在我要试一试。”说完，她宣布了游戏规则：“现在，我们假设这三个小球分别代表你们三个人，这个瓶子代表一口井。本来井是干枯的，所以你们放心地爬到井底去玩。谁知玩了一会儿干井突然冒出了水来，且水涨得很快，你们必须赶快逃命，否则就会淹死在井中。记住，我数七下，也就是七秒钟，如果你们谁还没有逃出来，谁就被淹死在水里了。”

说完，她把三根绳子递给了三个中国孩子。

孩子们听完美国老太太的话，似乎被其中的氛围感染了，变得紧张起来。空气也像突然凝固了，好像真的有死神在四周徘徊。这时，美国老太太作出一个表示开始的手势，并开始数秒数。只见那个5岁的女孩很快从瓶里拉出了自己的球，接下来是那个7岁的小男孩，他先是看了一眼比自己大的女孩，接着迅速地将自己的球拉出瓶口，最后是那个10岁的女孩，从容地将小球拉出了瓶子。游戏就这样结束了，美国老太太还没有数到5，也就是说，三人逃生的全部时间不到五秒钟。

美国老太太惊呆了，本来一场惊心动魄的游戏，就这样平淡地结束了。她有些不甘心，问那个小男孩："你为什么不争先逃命？"

小男孩指着那个最小的女孩："她最小，我应该让她先逃呀。"

她又问那个10岁的女孩："你为什么也不抢着逃命呢？"

女孩说："三个人里我最大，我是姐姐，应该最后离开。"

老太太又问："难道你不怕被淹死吗？"

女孩回答："就算真的淹死我，也不能淹死弟弟妹妹。"

感动一下子从这位美国老太太的心头溢了出来。她说，她在许多国家试过这个游戏，几乎没有一个国家的孩子能够这样完成它，他们争先恐后，互不相让。而由于瓶口过小，只能容纳一只小球通过，所以孩子们在争抢之中，没有一个人能逃出来，最终都落得被淹死的下场。

这个故事，带给美国老太太很多的感动，同时也带给了我们很多启示。如果将这看成一场博弈的话，那么正是三个孩子的互相合作精神，使三个人最后都取得了胜利。他们懂得，如果争抢，结果只能是没有一个人能够逃出来，最后整个团队都会灭亡。而选择合作，让对手和自己分别出来，则减少了竞争的危险。三个小朋友兼顾了自己和团队的

利益，最终使整个团队成功地脱离了困境。

没有完美的个人，只有完美的团队。当我们在一起共同生活或工作时，遇到事情没有哪个人能够独善其身，只有和大家站在一条线上，寻求共同解决之道，才能够实现整体的完好，同时也实现自己的成就。

有一位专门种花的园丁，在一次偶然的机会中研制出了一种新型的玫瑰花，这种花花冠硕大，开出来十分漂亮，并且香气袭人，一上市就赢得了很多顾客的喜爱，大家十分青睐，纷纷掏腰包为这种玫瑰花付账。同是种花的园丁，看着这个园丁的生意特别好，都十分羡慕。

有人看到了这位园丁的机遇，便建议他去申请专利，好让这种花源源不断地为自己带来财富，也有人提出愿意花很高的价钱买断他所有的种苗。出乎意料的是，这位园丁没有听从任何人的建议，也没有答应将种苗卖出，而是竟然召集了全村所有的园丁，无偿给每户发放了一小包这种新品种的玫瑰花种子，并告诉人们如何种植才能长出更漂亮的花朵。

后来，全村都开满了美丽无比的新型玫瑰花，整个小村也由小有名气变成了附近闻名的大花市，很多大客户都从外地慕名而来，很快就为这个小村庄创造了很多财富。

有人不解地问那位园丁：“为什么不想占据‘垄断’地位，而想到要去帮助其他的园丁呢？”园丁笑笑答道：“其实其他园丁也在帮助我。再好的玫瑰花粉也需要蜂蝶的授粉，如果其他乡亲们的花没有种好，时间长了，我自己的新花就会被同化，迟早要被市场淘汰。”

这位园丁将好的花种送给其他园丁，既让自己的花得以保持纯正的品种，又给全村人带来了财富，可谓实现了自己和集体的双赢。这种明智的做法，值得我们每一个人借鉴。

决胜宝典

人生活在一个大集体中，集体利益和个人信息是息息相关的，如果我们只顾及自己的小目标，那么团体就很难有好的发展。集体灭亡，个人也难有生存的空间。因此，个体要懂得和集体相互依存，维护集体的利益，就是维护自己的利益。

第 8 章

Chapter Eight

蜈蚣博弈：百步之后你在哪里

你有没有想过，五年之后的自己会在哪里，从事什么样的职业，和什么样的团体在一起？如果你认为这是虚无缥缈的，那就大错特错了。蜈蚣博弈，就是将数年之后的梦想变成现实的神奇魔法师。

蜈蚣博弈的启示

如果你面前有一个长长的推理问题，且内容枯燥，你会用足够的耐心将其一步一步做完吗，还是凭着直觉作一个简单的论断？如果我告诉你，懂得这个推理题内涵的人，就会有足够的能力给自己的未来作一个定位与预测，那么相信你一定会对它备感兴趣。

“蜈蚣博弈悖论”（简称“蜈蚣博弈”）是在博弈论及博弈逻辑的研究中发现的悖论，是一种合理行为选择的悖论。“蜈蚣博弈”是由罗森塞尔在1981年提出的一个动态博弈问题。由于这个博弈的扩展形很像一条蜈蚣，因此被称为“蜈蚣博弈”。

蜈蚣博弈是指这样一个博弈：两个博弈方A、B轮流进行策略选择，可供选择的策略有“合作”和“不合作”两种。假设先由A开始选，然后是B，接着又是A，如此交替进行。A和B之间的博弈次数为有限次，比如100次，那么他们的博弈展开式如下：

A —— B —— A ——…… A —— B —— A —— B ——(100，100)

|＊＊＊＊|＊＊＊|＊＊＊＊＊＊|＊＊＊＊|＊＊＊＊|＊＊＊|

(1，1)＊(0，3)＊(2，2)＊＊＊＊＊＊＊＊＊＊＊＊＊＊＊＊＊＊＊(98，101)

如图所示，博弈从左到右进行，横向连杆代表合作策略，向下的连杆代表不合作策略。每个人下面对应的括号内数字代表当相应的人采取不合作策略时，博弈结束后各自的收益；括号内左边的数字代表A的收益，右边代表B的收益。

那么，从图中我们可以看到，如果一开始A就选择不合作，则两人各得1的收益，而A如果选择合作，则轮到B选择，B如果选择不合作，则A收益为0，B的收益为3，如果B选择合作，则博弈继续进行下去。

可以看到，每次合作后总收益都在不断增加，合作每继续一次总收益增加1，如第一个括号中总收益为1＋1＝2，第二个括号为0+3＝3，第三个括号则为2＋2＝4。这样一直下去，直到最后两人都得到100的收益，这时总体效益最大。但遗憾的是，由于每个人在做出选择时，会害怕下一步对方会选择背叛，拿走当前所有的收益，而终止博弈，所以博弈双方在作每一步选择时，都随时有选择背叛的可能。因此两人受益均为100这个圆满结局很难达到。

我们不妨倒推看看。在上图中最后一步由B选择时，B选择合作的收益为100，选择不合作的收益为101。根据理性人假设，B将选择不合作，而这时A的收益仅为98。那么此时A又会考虑到B在最后一步将选择不合作时对自己不利，因此他在前一步将选择不合作，因为这样他的收益为99，比98高。同样，B也考虑到了这一点，所以他也要抢先A一步采取不合作策略……如此推论下去，最后的结论是：在第一步时A就将选择不合作，最终各自的收益为1！毫无疑问，这个结论更是令人悲伤的。

在这个博弈的推理过程中，我们第二次运用的是逆推法。从逻辑推理来看，逆推法是严密的，但结论是不合理的。这是因为，如果一开始就停止博弈，那么A、B均只能获取1的收益，而采取合作性策略有可能均获取100。当然A一开始采取合作性策略有可能获得0，但1或者0的差距与100相比实在是很小。这样，从直觉来说，采取“合作”策略是好的；而从逻辑的角度看，A一开始就应该选择“不合作”的策略。人们在博弈中的真实行动“偏离”了运用逆推法关于博弈的理论预测，造成二者间的矛盾和不一致，这就是蜈蚣博弈的悖论。

蜈蚣博弈看起来有些抽象，但现实生活中却有很多活生生的事件能够反应这个博弈原理。

拿日常生活中的恋爱为例。假定罗丝（女）和杰克（男）是这个恋爱的蜈蚣博弈的主角，他们每人都有两个策略选择，一是继续，一是分手。那么他们的博弈展开式如下：

罗丝 —杰克—……罗丝 —杰克—罗丝 —杰克—(10，10)
| | …… | | | |
(1，1) (0，3)…… (8，8) (7，10) (9，9) (8，11)

在图中，横线表示继续恋爱，竖线表示提出分手，两人的爱情收益（爱情带来的美好的物质收益或精神愉悦）用数字表示。这样我们就可以看到，罗丝和杰克双方的总收益会随着恋爱时间的延长而不断增加，每次总收益均增加1个单位。由图中我们可以看到，如果恋爱一直持续，那么双方最终都能得到10的收益，这便是幸福美满的结局。但同样很遗憾，这个圆满的结局也并非轻易就能达到的。

大家注意，当杰克在倒数第三步的时候，如果选择分手可以得到10的收益；而如果选择继续下去，则会面临罗丝提出分手，自己只能得到9的收益的风险。同样的，倒数第二步的罗丝如果选择分手就能得到9的收益；而如果选择继续，则同样面临这样的风险——如果下一步杰克把她甩了，她的收益将只有8，损失很大。

照这样来看，在每一次交往时，无论是杰克还是罗丝，都有选择分手来中止爱情的动机。更有详细的数字可以证明，只要他们之中有一个是极端个人主义者的话，爱情圆满的结局就不可能达到——个人效益最大与总体效益最大之间存在矛盾。

那么，难道真的没有天长地久的爱情吗？要怎样做才能达到圆满的结局呢？有如下三个因素决定。

一是杰克和罗丝之间的爱情信念，即追求两个人总体的爱情效用最大，而不能是自私的，要相信坚持下去会有好的结果。

二是选择充分信任对方的行为，不要动不动就猜忌，这样做只能让两人的心越来越远，当然选择也就会越来越自我。

三是最终结局的可能性，在博弈论中这个叫“贴现因子”，也就是未来收益同目前收益相比，哪一个更大。比如对杰克来讲，最终结局的收益10肯定不会等于倒数第三步选择分手而得到的10，哪一个更大，杰克就选择哪一个。由此可见，两人对于爱情未来的观念和信念真的很重要。

通过以上两个例证我们可以发现，蜈蚣博弈逻辑严密，具有十分理性的特点，虽然从生活的角度出发，并不一定能适应所有的问题，但仍值得我们仔细琢磨，并在有需要时及时运用。

我们都需要明白的就是，蜈蚣博弈的出发点就在于，无论任何人，都是理性人，都有自己的目标。但是，在某些时候，人们往往不会正常表现出自己的理性，在这种情况下，博弈的思维不一定会有效，甚至会是有害的。就好比在人的情感领域里，人们的行为往往会是非理性的，此时的博弈思维就无法开展。

决胜宝典

蜈蚣博弈中逆推法的成立需要有一定的条件，并不是所有动态博弈都适合用这种方法推理。不过，只要条件允许，被分析的问题符合客观成立的要求，那么逆推法绝对是一种十分理性而有效的方法。因此，我们要注意学会不失时机地加以利用。

理性比直觉更可靠

很多人喜欢凭感觉做事，十分依赖自己的“第六感”，甚至认为自己的直觉“百感百灵”。不可否认，直觉有时确实能提前反映一些突发事件的到来，但其无论如何也不如科学的、理性的分析来得准确。理性的思考，可以带给你万无一失的胜利。

有一个与蜈蚣博弈十分相近的博弈，称为“海盗分金”，其与蜈蚣博弈比起来更具有现实意义，可以说它将蜈蚣博弈的原理和现实结合得十分巧妙。据说，这道考题是微软公司某一年的应聘题，只要能在20分钟内给出正确答案，那么就能顺利被微软公司聘用，并获得年薪20万的待遇。

具体的博弈内容和形式如下：

5个海盗抢到了100枚金币，但每个人都想得到的多一些。于是他们决定这么分：

1.5个人要抽签决定自己的号码，分别为1、2、3、4和5；

2.由1号开始提出分配方案，然后大家进行表决，当且仅当超过半数的人同意时，按照他的提案进行分配，否则将被扔入大海喂鲨鱼；

3.如果1号死后，再由2号提出分配方案，然后大家进行表决，当且仅当超过半数的人同意时，按照他的提案进行分配，否则将被扔入大海喂鲨鱼；

4.以此类推 。

这时，我们不妨假设每个海盗都是很聪明的人，都能很理智地判断得失，从而作出选择。

问题是：最终的结果会是什么样的呢？

此题最公认的标准答案是这样的：1号海盗分给3号1枚金币，给4号或者5号2枚金币，剩下的两人为0枚，自己则独得97枚金币。也就是说，分配方案最终是97，0，1，2，0；或者97，0，1，0，2。

如果凭感觉来看，所有人可能都会认为这样的分配结果是不可能得到半数以上的人的同意的；但是我们只要运用逆推法理性分析一下，就会有不一样的结论。

首先，我们来看5号。在这5个人当中，5号可以说是最安全的，因为他最后一个说出方案，没有被扔下大海喂鲨鱼的危险。因此，5号的策略也最简单，最好是前面的人通通被扔下大海，自己独享这100枚金币即可。

其次看4号。对于4号来说，如果他想活命，必须要保证自己前面有人活着。这是因为，如果只剩下自己和5号的话，那么无论4号提出怎样的分配方案，甚至是将100枚金币都分给5号，那么5号出于保险起见，仍然不会同意，这样4号就只能被扔到海里喂鲨鱼。因此，4号出于自保会无条件地支持3号。

再看3号。3号经过理智地分析之后，毫无疑问会选择自己得100枚金币，而4号和5号都不得金币的分配方案。因为他知道，无论自己作出的选择如何，4号都会支持自己。这样，再加上自己的一票，3号的方案就能通过。

接着看2号。2号分析过上述可能之后，就会选择98，0，1，1的分配方案。因为4号和5号分析过后可以得知，如果不支持2号，而让3号来进行分配的话，那么自己就一个金币也得不到。那么2号这种给自己一个金币的分配方案就显得要稍好一些。因此，4号和5号为了不让3号来主宰自己的命运，就会同意2号的这种分法，那么2号就可以大摇大摆地拿走98枚金币了。

最后我们来看1号。1号经过以上分析之后，洞悉了2号和后面几位的心理，那么他就会提出97，0，1，2，0或者97，0，1，0，2的方案。因为如果1号出局，2号就能得到98枚金币；而1号不出局，那么就说明要按照1号的分配方案来进行分配，其方案一定是对1号自己有利的，2号不会捞到什么好处。因此，2号会第一个站出来反对1号的分配方案。1号分析出这些道理之后，就会想先排除2号，在剩下的几人中挑选支持自己的人。这样，1号就会给3号1枚金币，而给4号或5号两枚金币。这样，对于3号来说，就比2号方案的0枚稍好；而对4号或5号来说，就比2号方案的1枚金币稍好，而比3号方案的0枚稍好。这样，3号就会支持自己，而得到金币的4号或5号也会支持自己。两张支持票加上1号自己

的支持票，1号就可以获得超过半数的3票，轻松地拿走97枚金币。

这个考题的要求虽然过于理性，但却告诉了我们一个道理：在生活或工作中碰到难题时，不要一味地凭直觉处理，而要靠理性去解决，只有经过理性的分析，才能得到最佳的解决方案。

秦宣太后在丈夫死后，魏丑夫做了她的情夫，后来宣太后生病将死，先留了道遗命："如果我死了，一定要魏丑夫为我殉葬。"魏丑夫听说此事，非常害怕，到处找人替他说情。幸亏有秦臣庸芮肯为他出面游说宣太后："太后您认为人死之后，冥冥之中还能知觉人间的事情吗？"宣太后说："人死了当然什么都不会知道了。"庸芮于是说："像太后这样明智的人，明明知道人死了不会有什么知觉，为什么还要凭白无故地要把自己所爱的人致于死地呢？假如死人还知道什么的话，那么先王肯定早就对太后恨之入骨了，太后赎罪还来不及呢，哪里还敢和魏丑夫有私情呢。"宣太后觉得庸芮说的有理，就放弃了让魏丑夫为自己殉葬的念头。

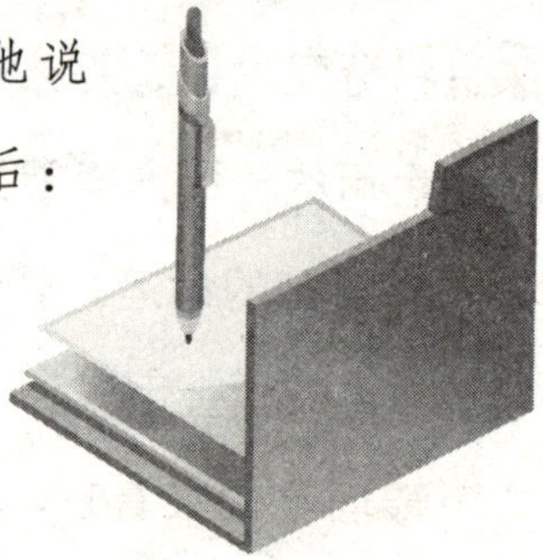

庸芮之所以能够说服秦宣太后，是利用了太后的弱点，即担心先王怪罪自己，接着将这个软肋作为假设结果，由后往前推，直到推出太后不应该以魏丑夫殉葬的明摆着的事实，从而说服太后放弃了殉葬的想法。古代尊卑等级观念严重，皇室家族的人，即使犯了再低级的错误，臣子也不能直接指出，因此，古代用这种逆推法晓之以理的例子很多。触龙说赵太后，就是典型例子之一。

公元前266年，赵国国君惠文王去世，他的儿子孝成王继承王位，因为年纪轻，因此临时由赵太后执政。

秦国看到赵国正在新旧交替之际，国内动荡不安，孝成王又年少无知，认为有机可乘，于是派遣兵将进攻，一举攻占了赵国的三座城池。赵国危在旦夕，太后不得不请求与赵国关系密切的齐国增援。齐王虽然答应出兵，但提出赵国必须派太后的幼子长安君到齐国去做人质。赵太后爱子心切，自然不肯答应。老臣们极力劝谏，太后态度依然十分强硬。

左师公触龙听说之后，会见太后说："从这一辈往上推到三代以前，甚至到赵国建立的时候，赵王被封侯的子孙的后继人有还在的吗？"赵太后说："没有。"触龙说："不光是赵国，其他诸侯国君的被封侯的子孙的后继人有还在的吗？"赵太后说："我没听说过。"触龙说："他们当中祸患来得早的就会降临到自己头上，祸患来得晚的就降临到子孙头上。难道国君的子孙就一定不好吗？这是因为他们地位高而没有功勋，俸禄丰厚而没有劳绩，占有的珍宝太多了啊！现在您把长安君的地位提得很高，又封给他肥沃的土地，给他很多珍宝，而不趁现在这个时机让他为国立功，一旦您百年之后，长安君凭什么在赵国站住脚呢？我觉得您为长安君打算得太短了，因此我认为您疼爱他比不上疼爱燕后。"太后说："好吧，任凭您指派他吧。"于是太后就替长安君准备了一百辆车子，送他到齐国去做人质，齐国的救兵才出动了。

触龙在说服赵太后的过程中，也是用了逆推法，他以现在为终点，向前推了三代来做例证，又以赵太后百年后为终点，向现在逆推，最终说明了要想为子孙计划长远，就要让其经过一定的历练。如此一来，就轻易地说服了赵太后。

由这些事例我们可以看出，理性地思考问题，由后向前推理事物，能让我们得到一个最清晰的答案。

决胜宝典

理性的选择来源于理性的思考，太凭感觉做事的人，预期的效果往往也只能存在于自己的“感觉中”，而较少能够真实地在生活中出现。懂得理性思考的人，事物的发展往往会在其预料之中，一点一点实现最初的设想。

眼光高远，舍小取大

日常生活中，我们常用“拣了芝麻，丢了西瓜”来形容某些人舍大取小的不明智做法，也常用“鼠目寸光”来讽刺一些目光短浅、贪图眼前小利的人。的确，鸿鹄既然有燕雀所不能理解的远大志向，就要有志怀高远的魄力，而不能被眼前的蝇头小利所诱惑。

从前有一个很好笑的小故事。

兄弟两人一起去一个地主家偷东西，两人均收获不小，哥哥背了满满的一包金子，弟弟揽了满满一包珠宝。两人返回时为了抄近路，决定从河里游过去。可是当他们还没到岸边的时候就有人从后面追来了，弟弟扔了珠宝轻松地游上岸了，可哥哥不听劝，不肯丢掉金子，结果弟弟逃掉了，而哥哥没等到被抓到就淹死在河里了。

这个故事中的弟弟就有着高远的眼光，明白财富与生命哪个更重要，可是哥哥就糊涂了。真的是“拣了芝麻，丢了西瓜”，最后连芝麻也没有了。

第二次世界大战刚刚结束，以美、英、法为首的战胜国几经磋商，决定在美国纽约成立一个协调处理世界事务的联合国。一切准备就绪之后大家才突然发现，这个全球至高无上、最权威的世界性组织，竟没有自己的立足之地。

原本打算买一块地皮，但当时刚刚成立的联合国机构还身无分文。让世界各国筹资吧，牌子刚刚挂起，就要向世界各国搞经济摊派，负面影响太大。况且刚刚经历了第二次世界大战的浩劫，各国政府都财库空虚，甚至许多国家都是财政赤字居高不下。在寸土寸金的纽约筹资买一块地皮，并不是一件容易的事情，联合国对此一筹莫展。

听到这一消息后，美国著名的家族财团洛克菲勒家族经过商议，马上果断出资870万美元，在纽约买下一块地皮，将这块地皮无条件地赠与了这个刚刚挂牌的国际性组织——联合国。同时，洛克菲勒家族亦将毗邻这块地皮的大面积地皮全部买下。

对洛克菲勒家族的这一出人意料之举，当时许多美国大财团都吃惊不已。870万美元，对于第二次世界大战后经济委靡的美国和全世界来说，都是一笔不小的数目呀，而洛克菲勒家族却将它拱手赠出了，并且什么条件也没有。这条消息传出后，美国许多财团主和地产商都纷纷嘲笑说：“这简直是蠢人之举！”并纷纷断言：“这样经营用不了10年，著名的洛克菲勒家族财团，便会沦落为著名的洛克菲勒家族贫民集团。”

但出人意料的是，联合国大楼刚建成完工，毗邻它四周的地价便立刻飙升起来，相当于捐赠款数十倍、近百倍的巨额财富源源不断地涌进了洛克菲勒家族财团。这种结局，令那些曾讥讽和嘲笑过洛克菲勒家族捐赠之举的商人们目瞪口呆。

洛克菲勒家族之所以能够获得名誉和财富的双赢，就在于他们没有吝啬眼前拥有的财务，而是独具慧眼地看到了联合国成立后将会给周围带来的无限量的财富增长空间。这种远大的目光，决定了洛克菲勒家族必定会赢得长远的利益。

20世纪60年代，美国斯坦福大学心理学教授沃尔特·米歇尔设计了一个著名的关于“延迟满足”的实验，接着在斯坦福大学校园里的一间幼儿园实地进行了这个实验。

研究人员找来数十名儿童，让他们每个人单独待在一个只有一张桌子和一把椅子的小房间里，桌子上摆放着这些儿童爱吃的东西，如棉花糖、曲奇或是饼干。

研究人员告诉这些孩子，他们可以马上吃掉棉花糖；或者等研究人员回来时再吃，这样还可以再得到一颗棉花糖作为奖励；另外，他们还可以按响桌子上的铃，研究人员听到铃声后会马上返回，不过这样的话，孩子们依然只能吃现有的食物，而不能得到额外的奖励。交代完之后，研究人员就从房间里走了出来，只留孩子们在房间中。

研究人员在录像中观察发现，对于孩子们来说，实验的过程颇为难熬：有的孩子为了不去看那诱惑人的棉花糖，捂住眼睛或是背转身体；还有一些孩子开始做一些小动作——踢桌子，拉自己的辫子，有的甚至用手去打棉花糖。

然而，虽然经过了百般努力，但大多数的孩子坚持不到三分钟就放弃了。一些孩子甚至没有按铃就直接把糖吃掉了；另一些则盯着桌上的棉花糖，一分钟或几分钟后按了铃；大约三分之一的孩子成功延迟了自己对棉花糖的欲望，他们等到研究人员回来兑现了奖励，差不多有15分钟的时间。

其实，这个实验的最初目的只是研究为什么有人可以“延迟满足”，而有些人却只能投降的心理过程。然而，在一段时间以后，米歇尔在偶然与同时参加上述实验的三个女儿谈到她们幼儿园伙伴们的近况时，发现这些少年的学习成绩与他们小时候“延迟满足”的能力存在着某种联系。于是，为了弄清楚这种联系到底是什么，从1981年开始，米歇尔逐一联系了现今已是高中生的653名参加者，给他们的父母、老师发去调查问卷，针对这些孩子的学习成绩、处理问题的能力以及与同学的关系等方面提问。

家长们十分配合，大部分家长很快就如实地将孩子的情况作了回复。米歇尔在分析问卷的结果时发现，当年马上按铃的孩子无论在家里还是在学校，都更容易出现行为上的问题，成绩分数也较低。他们通常难以面对压力、注意力不集中而且很难维持与他人的友谊；而那些可以等上15分钟再吃糖的孩子在学习成绩上比那些马上吃糖的孩子平均高出210分，并且在处理人际关系上有着更大的耐心，也更易于与他人搞好关系。

此后，米歇尔和其他研究人员继续对当年的实验参加者进行研究，直到他们35岁以后。研究表明，当年不能等待的人成年后有更高的体重指数并更容易有吸毒方面的问题。这同样不难解释，当年能够抵抗来自于棉花糖诱惑的孩子，身上具有一种“看得远”的宝贵品质，注重自己现在的行动对以后的影响，小时候能够多等些时间，换来一颗糖，长大后就能忍住外界物质对自己的诱惑，换来日后幸福、健康的生活。

这个实验，不仅告诉我们要有长远的目光，还教育我们，要从年轻时起就培养自己的忍耐性，要懂得将长远的利益作为自己的追求，而非眼前的一时贪欲。

决胜宝典

无论是逆推法，还是“延迟满足”实验，都向我们说明了这样一个道理：要想在整个人生中获得成功，就要培养自己的长远思维模式，有一个长远的打算，并为此不断地调整日常的思想和行为习惯，以配合长远目标的实现。

未来在你的计划中

人生在世要制订各种各样的计划，我们差不多每天都生活在不断的计划当中，关于上学的计划、关于交友的计划、关于生活方式的计划……这些计划都会在无形中给我们以重大的影响，从而决定我们未来的命运。

当代人大多十分现实，更在乎眼前的生活方式或者生活质量。而假若有人问你：“知道5年后你在哪里、在做什么吗？”你一定会觉得这个人很理想化，看待事物有些虚无缥缈，并不务实。但是，如果你能将这看做一场蜈蚣博弈，先给自己定一个5年后的目标，然后采用逆推法，给这5年的每一个时间段都作出详细的计划，那么，你就绝对不会再认为这是不现实、理想化的了。也许5年后，当你站在这个目标顶端时，会笑着说：“幸亏我想到了5年之后，幸亏我学会了逆推法，幸亏我给自己制订了一个5年计划……”

一个就是这样利用逆推法，为自己实现了5年之后梦想的著名音乐家李恕权，就在他的自传《挑战你的信仰》中，详细记录了自己这次具有转折意义的经历。

19岁那年，我在休斯敦太空总署的航天飞机实验室工作，同时也在总署旁边的休斯敦大学主修计算机专业。我整天处在学习、睡眠和工作之中，这些几乎占据了我的全部时间。但是，只要有一分钟的闲暇时间，我就会把精力放在音乐创作上。

我知道，写歌词不是我的专长，所以我时刻都在寻找一位擅长写歌词的搭档。很幸运我认识了凡内芮，她的作品让我爱不释手，当时，我们的确合作了许多不错的作品。

一个周末，凡内芮热情地邀请我到她家的牧场吃烤肉。凡内芮深知我对音乐的执著。然而，面对那遥不可及的音乐圈子及陌生的美国唱片市场，我们一点儿渠道都没有。当时，我们根本不知道下一步该如何走。

突然，她冒出了一句话："嘿！告诉我，在你心目中，最希望五年以后做什么？那时候，你的生活会是什么样子？"我沉思了几分钟，告诉她："第一，五年后，我希望能有一张自己的唱片在市场上，而且这张唱片很受欢迎；第二，我住在一个音乐气氛浓厚的地方，每天都能够和世界上一流的乐师一起工作。"

凡内芮说："好，我们就把这个目标倒算回来。如果第五年，你有一张唱片在市场上，那么你在第四年一定是要跟一家唱片公司签约的。

"你在第三年一定要有一部完整的作品，可以拿给许多唱片公司听，对不对？

"你在第二年一定要有很棒的作品开始录音了。

"你在第一年一定要把准备录音的所有作品全部编曲，把排练准备好。

“你在第六个月一定要把那些没有完成的作品修饰好，然后自己可以逐一筛选。

“你在第一个月就要把目前这几首曲子完成。

“你在第一个星期就要先列出一个完整的清单，排出哪些曲子需要修改，哪些需要完成。好了，我们现在不就已经知道你下星期一要做什么了？”

凡内芮笑着说：“哦！对了，你还说五年后要生活在一个音乐气氛浓厚的地方，与许多一流乐师一起工作，对吗？”她补充说：“如果你在第五年已经与这些人一起工作了，那么你在第四年就应该有一个自己的工作室或录音室。在第三年，你可能会先跟这个圈子里的人一起工作。在第二年，你不应该住在得州，而应该搬到纽约或洛杉矶了。”

第二年，我辞掉了令许多人羡慕不已的太空总署的工作，搬到洛杉矶。说来也怪，不敢说恰好是在第五年，但大约在第六年，我的唱片开始在亚洲畅销。我几乎每天都在忙碌着与一些顶尖的音乐高手从日出到日落地一起工作。

在生命中，上天已经把所有选择、计划的权利交到我们手上了。如果你经常询问自己：“为什么会这样？”那不妨试着问自己是否很清楚地知道自己在做什么。

每个人都有关于自己的计划，但有些计划却过于急功近利。俗话说：“心急吃不了热豆腐”，好事总是要多磨，而面对漫长的等待没有信心时怎么办？想想你最终的那个美丽的梦想吧，现在的苦就会减轻很多。

有两个和尚分别住在相邻的两座山上的庙里。这两座山之间有一条溪，于是这两个和尚每天都会在同一时间下山去溪边挑水，久而久之他们便成为了好朋友。

就这样，时间在每天挑水中不知不觉已经过了五年。突然有一天，左边这座山的和尚没有下山挑水，右边那座山的和尚心想："他大概睡过头了。"便不以为意。

哪知道第二天左边这座山的和尚还是没有下山挑水，第三天也一样。过了一星期还是一样，直到过了一个月，右边那座山的和尚终于受不了了，他心想："我的朋友可能生病了，我要过去拜访他，看看能帮上什么忙。"

于是他便爬上了左边这座山，去探望他的老朋友。

等他到了左边这座山的庙里，看到他的老友之后大吃一惊，因为他的老友正在庙前打太极拳，一点也不像一个月没喝水的人。他很好奇地问："你已经一个月没有下山挑水了，难道你可以不用喝水吗？"

左边这座山的和尚说："来来来，我带你去看看。"于是他带着右边那座山的和尚走到庙的后院，指着一口井说："这五年来，我每天做完功课后都会抽空挖这口井，即使有时很忙，能挖多少就算多少。如今终于让我挖出井水，我就不用再下山挑水了，我可以有更多时间练我喜欢的太极拳了。"

在这个故事中，支撑挖井和尚的，是自己钟爱的太极拳，以及甘美而又方便的井水，因此，他才能忍住一时的枯燥与辛苦，努力向着自己计划的目标努力。实施的过程虽然有些辛苦，但计划一旦实现，其中的物质与精神愉悦恐怕也只有自己才能享受与体会得到了。

某个权威研究机构的一项研究结果表明：那些懂得制订计划的人的成功概率竟比从来不制订计划的人成功概率高出3.5倍。而在成功实现目标的人群中，事先根据目标制订好计划的人大约占了78%，而那些没有制订计划的人仅占22%。由此，我们就可以看出，制订计划具有非同小可的意义。正确的计划，不仅使你离目标越来越近，同时也能鼓舞你的情绪，激发你继续努力的信心与热情。因此，致力于成功的人们，如果你已经有了自己的目标，那么就快根据目标制订出完备的计划吧。

决胜宝典

如果你的目标比较长远，那么计划可能就要相对粗略一些，而不可能面面俱到，细化到每一天、每一小时。当然，世事难料，你的计划也许会赶不上现实生活中的变化，那么适时地调整计划内容，也是一门必不可少的功课。

第9章

Chapter Nine

鲶鱼效应：生于忧患死于安乐

社会的进步来源于各大领域间的竞争，个人的发展则得益于与对手间的较量。有竞争的人生才是精彩的人生，如果失去了竞争的鞭策，那么人人都将是懒散、安于现实的状态，如同失去了灵魂的行尸走肉。

鲶鱼效应中的忧患意识

一条鲶鱼，能让整个箱子里的沙丁鱼都活跃起来，这就是鲶鱼带来的生存效应。人的发展同样如此，一根鞭子，一个对手，都是让自己行动起来的动力。只有具有竞争忧患意识，人才能不断地挑战自己，更好地生存和发展。

挪威人喜欢吃沙丁鱼，尤其是活沙丁鱼，市场上活沙丁鱼的价格要比死鱼高许多。所以渔民总是千方百计地想办法让沙丁鱼活着回到渔港。可是虽然经过种种努力，绝大部分沙丁鱼还是在中途因窒息而死亡，但却有一条渔船总能让大部分沙丁鱼活着回到渔港。船长严格保守着秘密，直到其去世，谜底才揭开。原来是船长在装满沙丁鱼的鱼槽里放进了一条以沙丁鱼为主要食物的鲶鱼。鲶鱼进入鱼槽后，由于环境陌生，便四处游动。沙丁鱼见了鲶鱼十分紧张，左冲右突，四处躲避，加速游动。这样沙丁鱼缺氧的问题就迎刃而解了，沙丁鱼也就不会死了。这样一来，一条条沙丁鱼就活蹦乱跳地回到了渔港。这就是著名的“鲶鱼效应”。

鲶鱼效应对于“渔夫”来说，在于激励手段的应用。渔夫采用鲶鱼来作为激励手段，促使沙丁鱼不断游动，以保证沙丁鱼活着，以此来获得最大利益。对于像沙丁鱼一样的人，鲶鱼效应的启示则在于，要努力寻找让自己动起来的对手，就算生活安逸，也要主动为自己“树敌”，在意识上将某个人作为自己最大的竞争对手甚至敌人，并以超越其为自己的目标，使自己产生忧患意识，让自己懂得更好地努力与创造。

在日本有一个同样的事例。日本的北海道出产一种味道珍奇的鳗鱼，鳗鱼的生命力非常脆弱，只要一离开深海区，要不了半天就会全部死去。奇怪的是，有一位老渔民天天出海捕捞鳗鱼，返回岸边后，他的鳗鱼总是活蹦乱跳的。

原来，老渔民使鳗鱼不死的秘诀，就是在整舱的鳗鱼中放进几条叫狗鱼的杂鱼。鳗鱼与狗鱼非但不是同类，还是出名的“对头”。几条势单力薄的狗鱼遇到成舱的对手，便惊慌地在鳗鱼堆里四处乱窜，这样一来，反倒把满满一舱死气沉沉的鳗鱼全给激活了。

一种动物如果没有对手，就会变得死气沉沉。同样，一个人如果没有对手，那他就会甘于平庸，养成惰性，最终导致庸碌无为。一个群体如果没有对手，就会因为互相依赖和潜移默化而丧失活力。因此，无论是对于个人还是集体，都要学会为自己树立一个对手，以激励自己不断地前行。

从自然界生物的特点，我们不妨推测一下人类，人与动物比起来，虽然有足够的智慧，但却同样有克服不掉的惰性。当周围没有人和自己竞争时，大多数人都会想慢下脚步，惬意地享受一下生活，而很少有人还想用尽精力不停地打拼。时间长了，很多人虽然也会对自己懒散的状态不满意，但却苦于找不到让自己精力充沛起来的方法。这时，“鲶鱼效应”就可以帮你的忙了，给自己换个环境，给自己找个对手，只要能让自己重新变得具有忧患意识，那么你离自己的“活跃期”就不远了。

对于个人来说，是要给自己树立一个奋斗的目标；对于企业来说，领导者就要有渔民的智慧，懂得通过一些手段来迫使自己的员工紧张起来。

有一次，本田公司的总裁本田先生对欧美企业进行考察，发现许多企业的人员基本上由三种类型组成：一是不可缺少的干才，约占两成；二是以公司为家的勤劳人才，约占六成；三是终日东游西荡，拖企业后腿的蠢材，占两成。而自己公司的人员中，缺乏进取心和敬业精神的人员也许还要多些。那么如何使前两种人增多，使其更具有敬业精神，而使第三种人减少呢？如果对第三种类型的人员实行完全淘汰，一方面会受到工会方面的压力；另一方面，又会使企业蒙受损失。其实，这些人也能完成工作，只是与公司的要求与发展相距远一些，如果全部淘汰，这显然是行不通的。

后来，本田先生受到鲶鱼故事的启发，决定进行人事方面的改革。他首先从销售部入手，因为销售部经理的观念离公司的精神相距太远，而且他的守旧思想已经严重影响了他的下属。本田先生认为，必须找一条“鲶鱼”来，尽早打破销售部只会维持现状的沉闷气氛，否则公司的发展将会受到严重影响。经过周密的计划和不断地努力，本田先生终于把松和公司销售部副经理、年仅35岁的武太郎挖了过来。武太郎接任本田公司销售部经理后，凭着自己丰富的市场营销经验和过人的学识，以及惊人的毅力和工作热情，受到了销售部全体员工的好评，员工们的工作热情被极大地调动起来，活力大为增强。公司的销售出现了转机，月销售额直线上升，公司在欧美市场的知名度也不断提高。本田先生对武太郎上任以来的工作非常满意，这不仅仅是因为他的工作表现，还因为销售部作为企业的龙头部门带动了其他部门经理人员的工作热情和活力。

从此，本田公司每年都从外部“中途聘用”一些精干的、思维敏捷的、30岁左右的生力军，有时甚至聘请常务董事一级的“大鲶鱼”。这样一来，公司上下的“沙丁鱼”都有了触电式的感觉，业绩蒸蒸日上。

另外，除了真的从外部引进“鲶鱼”之外，很多企业的领导层还会自发“研制”一些虚拟的“鲶鱼”，如制定一些对激发员工热情有益的奖惩规则和提升制度等，用手中这根无形的“鞭子”来鞭策自己的员工快步向前。

著名的海尔公司就用这样的方法来提高员工的工作效率。在海尔集团中，没有中国式的“没有功劳也有苦劳”的思维，而只有论功行赏的制度。他们推行的是“人人是人才，赛马不相马”的竞争机制，并在赛马中严格遵循“优胜劣汰”的铁一般的纪律。海尔的领导层将员工分为三类：试用员工、合格员工和优秀员工，通过科学的赛马规则，进行严格的工作绩效考核，使所有员工在动态竞争中提升、降级、取胜、淘汰。毫无疑问，海尔的员工永远是积极向上的，无论进入公司多久，他们都会把自己当做一个新人来看，永远保持工作和学习的热情。

由上可以看出，无论是本田公司，还是海尔公司，都很注重把忧患意识注入到企业中，使组织保持恒久的活力。对于他们来说，在企业中营造一种充满忧患意识的竞争环境，激发起每一个员工的进取心与荣誉感，能够充分调动员工的工作热情；对于我们自身来说，不论是做鲶鱼还是做沙丁鱼，都要时刻为自己储备一个对手，以使自己时刻保持奋斗的活力与激情，这样我们才可以在成功的路上越走越远。

决胜宝典

处在竞争环境、拥有忧患意识的人，才有可能让自己充满斗志；也只有充满斗志的人，才能永远保持昂扬向上的精神，使自己在社会进步的大潮中站稳脚跟，不被淘汰。

将自己投身于激烈的竞争中

参与到激烈的竞争中，最终不一定能收获自己想要的东西；但是如果连参与竞争的勇气和欲望都没有，那就一定得不到自己想要的成功。敢于竞争，才有机会成功，爱拼才会赢，爱赢就去拼。

19世纪末，美国康奈尔大学做过一次有名的实验。经过精心地策划安排，他们把一只青蛙冷不防丢进沸水锅里，这只反应灵敏的青蛙在千钧一发的生死关头，用尽全力，跃出那势必使它葬身的沸水锅，跳到锅外的地面，安然逃生。

隔了半小时，他们使用一个同样大小的铁锅，这一回在锅里放满冷水，然后把那只死里逃生的青蛙放在锅里。这只青蛙在水里不时地来回游。接着，实验人员在锅底下用炭火慢慢加热。

青蛙不知实情，仍然在微温的水中享受“温暖”，等它开始意识到锅中的水温已经无法承受，必须奋力跳出才能活命时，一切为时已晚。它欲试乏力，全身瘫痪，呆呆地躺在水里，终致葬身在铁锅里。

这个著名的煮青蛙实验告诉我们，人的发展需要危机感与忧患意识，否则就只能在安逸的环境中坐以待毙。那么，如何让我们始终保持忧患意识呢？那就是让自己长期处于一种竞争状态中。

秘鲁国家动物园饲养了一只濒临灭绝的珍稀动物美洲虎。他们圈出1500英亩的山地为它修建了虎园，里面有山有水，树木葱茏，溪水潺潺；还有成群结队的牛、羊、兔子供它享用。但奇怪的是，没人看见老虎捕捉过猎物，也从没见它威风凛凛地从虎山上俯冲下来。它躺在装有空调的虎房里，吃着饲养员送来的食物，吃了就睡觉。整天耷拉着脑袋，无精打采的。

人们以为是它没有爱情、没有伴侣，太孤独了，于是，就通过外交途径，从哥伦比亚和巴拉圭定期租来雌虎陪它生活。

然而，这并未带来多大改观。它最多只是陪它的“女友”走出虎房，到阳光下站一站，不久便又回到它的“卧室”。人们不知道它还有什么不满足的地方。

一天，一位来此参观的市民说：虎是林中之王，你们在园中只放一群吃草的动物，能提起它的兴趣吗？这么大的虎园，不弄几只狼来，至少也得放几条豺狗吧？虎园领导听他说得有理，就选了三只豹子投进虎园。

这一招果然灵验。自从三只豹子进了虎园，美洲虎便不再懒洋洋了。它整天昂首竖耳，目光似电，精神抖擞。

这只美洲虎的故事告诉人们：无论是动物，还是人，有对手都未必是坏事。有了对手，可以使人们提高警觉，不敢懈怠；可以使人们振作精神，不断进取；可以使人们从对手那里看到自己的不足，不断充实和壮大自己。

女儿第一次将男朋友带回家里，父亲在客厅里迎接他们，陪着女儿和男朋友，天南地北地聊着。

父亲问女儿的男友："你喜欢打球吗？"

男朋友回答："不，我不是很喜欢打球，我大部分的时间都用来看书，听音乐。"

父亲继续问："那喜欢赌马吗？"

男朋友："不，我不赌博的。"

父亲又问："你喜欢看电视上的田径或是球类竞赛吗？"

男朋友："不，对于这些有关竞赛性的活动我没什么兴趣。"

男朋友离开后女儿问父亲："爸，你觉得这个人怎样？"

父亲回答："你和他做朋友我不反对，但如果你想嫁给他，我是坚决不赞成。"

女儿讶异地问："为什么呢？"

父亲说："一般人养黄鹂鸟，绝不会将黄鹂鸟关在自家的鸟笼里，主人会带它到茶馆，那儿有许多的黄鹂鸟。这只新的鸟儿，在茶馆听到同类此起彼落的鸟鸣声，便会不甘示弱，也引吭高歌。这是养鸟人训练黄鹂鸟的诀窍。"

女儿问："这和我的男友有什么关系呢？"

父亲说："养鸟人刺激黄鹂鸟竞争的天性，来训练黄鹂鸟展露优美的歌声，若是没有竞争，这只黄鹂鸟可能就终生暗哑了，不能发出任何叫声，主要是因为，没有其他的鸟儿来与它比较。"

女儿似有所悟地点点头。

父亲继续道："你的这一位男朋友，经过我刚刚与他的一番谈话，发现他既不运动，也不喜欢运动，也不喜欢赌博、球赛，排斥一切竞赛性的活动，我认为，像这样子的男人，将来恐怕难以有所成就，所以我反对你嫁给他。"

太多人因为害怕失败，而不愿意参与竞赛，最终变成了没有竞争力的平庸之辈。透过黄鹂鸟的启示，我们终于了解，原来竞赛的重点，不在于胜负，而在于每一次投入，都能让自己成长。

当你真正决定参与到竞争中时，要注意选择相对激烈的竞争，这样才能有效地调动起自己的积极性。若只是参与一些鸡毛蒜皮、无关痛痒的小竞争，或者在竞争中过于注意自己的方式，放不开手脚，那么恐怕就失去了参加竞争的意义，这样的竞争也不可能会对自己产生较大的鞭策作用。

有一个笑话，很深刻地讲出了这个道理。

有两个很要好的朋友，一次相约到森林中去散步。森林中的一切都像他们想象的一般完美，有细碎的阳光，有潺潺的流水。两人边走边谈，一会儿竟不知不觉走到了森林深处。突然，一声巨响打破了这种美好的气氛，树林里冲出来一只猛虎，大叫着向两人扑过来。这两人第一反应当然就是快速逃命。而正当一个人拔腿要跑时，却看到另一个人摘下自己的背包，想从里面拿出什么。朋友大喊道："老虎来了，你不跑还等什么呢？"这个人说："我是要跑，但是我要先换上跑鞋才能跑啊！"朋友又急又不解："老虎就要扑上来了，你不赶快逃命，却还在这里换跑鞋，这不是浪费时间吗？就算你换上了跑鞋，也跑不过老虎的！”谁知这个人却说：“我不需要跑过老虎，只要我换上了跑鞋，跑过你就不会被老虎吃掉了！”

这个笑话虽然有些夸张，将人与人之间的感情说得过于冷淡与残酷，但却着实道出了一个真理，在竞争面前，是没有太多的感情和道义可言的。否则，古代帝王家中，就不会有那么多因为争夺王位而发生的家庭悲剧了。因此，在必要的竞争面前，我们不可有过多的顾虑，而耽误了前进的最好时机。另外，无论是和对手竞争，还是和朋友比赛，我们都可以从中得到一样东西，那就是对自我的激励，和对自我潜能的激发，让自己更好地前进在命运的道路上。

决胜宝典

一个不懂得竞争的人，最终只能守在自己那一小块土地上，永远也没有放眼乾坤的魄力与机会，并且随着时间的流逝，自己仅有的优势也会慢慢被侵蚀掉。因此，生活在现代的人，都要学会让自己投入到激烈的竞争中去，以保持自己骨子里的那一股争和拼的精神。

竞争中的智取原则

提到竞争，很多人往往会想到暴力的对抗。其实，竞争也可以与暴力无关，而纯粹是一场智斗。尤其是在自身的体能力量不具优势时，智取更是具有十分重要的意义。

有一所小学为了提高学生的竞争热情和综合素质，每年都要举办一场具有竞争意义的比赛。凡最终在比赛中获得冠军的学生，就可以享受免除全年学费的奖励。

这一年春暖花开时，学校的竞赛又开始了。经过前面几轮的较量，最终有六名同学进入了最后的决赛。为了公平起见，决赛的题目由校长来出，并且在比赛结束之前，答案只有校长一个人知道。

校长将六位参加决赛的选手带进教学楼的一层，指指六间教室，又指指教学楼的大门说："现在你们将被分别留在这六间教室时，教学楼门外有人把守。我看你们谁有办法只说一句话，就能让门外的警卫把自己放出去。不过，有两个规则必须遵守：一是不准硬闯出门；二是即使被放出去，也不能让警卫跟着你。"

六个学生各自走进一间教室，思考着如何用一句话就能让警卫叔叔放自己走出大门。三小时过去了，没有一个人能走出去。正在这时，有个学生很惭愧地、低声下气地对警卫说："警卫叔叔，这场比赛太难了，我不想参加了，请你让我出去吧。"

警卫听了，打开教学楼的大门，让他出去了。看着这个临阵退缩的小家伙垂头丧气地走出教学楼大门，警卫惋惜地摇摇头。没想到这个学生来到校长面前说："校长，我向您报到！"校长高兴地抱起这个孩子说："祝贺你，我们的第一名！"这个学生想到顺向思维不通，便采取了逆向思维，以退为进，欲擒故纵，终于走了出来。

在与他人的竞争中，我们可以采取很多种方式与其对抗，其中最能体现智慧而又保护自己的就是以智取胜。竞争并不一定要用蛮力，凡是能在最后赢得胜利的，就是竞争中的能手。

北京的一条街道上，同时住着三家裁缝，这几个裁缝的手艺都很不错。可是，因为住得太近了，生意上的竞争非常激烈。为了抢生意，他们都想挂出一块有吸引力的招牌来招揽顾客。

一天，一个裁缝在他的门前挂出一块招牌，为他打打广告，这个裁缝的招牌上面写着这样一句话：北京城里最好的裁缝！

另一个裁缝看到了这块招牌，连忙也写了一块招牌，第二天也挂了出来，招牌上写的是：全中国最好的裁缝！

第三个裁缝眼看着两位同行相继挂出了这么大气的广告招牌，抢走了大部分的生意，心里很是着急。这位裁缝为了招牌的事开始茶饭不思，一个说"北京最好的裁缝"，另一个说"全国最好的裁缝"，他们都大到这份上了，我能说世界最好的裁缝吗？这是不是有点儿太虚假了？这时放学的儿子回来了，问明父亲发愁的原因后，告诉父亲：“不妨写上这几个字。”

第三天，第三个裁缝挂出了他的招牌，果然，这个裁缝从此生意兴隆。

招牌上写的是什么呢？原来第三块招牌上写的口气与前两者相比很小很小：“本街最好的裁缝”！

“本街”最好，那就是这三家中最好的。你看，聪明的第三家裁缝没有再向大处夸自己的小店，而是运用了逆向思维，在选用广告词时选了在地域上比“全国”、“北京”要小得多的“本街”一词。这个小小的“本街”却盖过了大大的“北京”乃至大大的“全国”，从而达到了最好的效果。

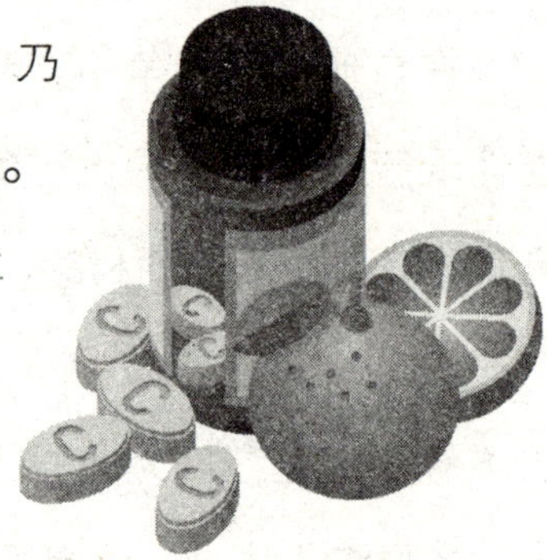

曾经有一个衣衫褴褛的少年，到摩天大楼的工地上向衣着华丽的承包商请教：“我应该怎么做，长大后才能和你一样有钱？”

承包商看了少年一眼，对他说：“我跟你说一个故事：有三个工人在同一工地工作，三个人都一样努力，只不过，其中一个人始终没有穿工地发的蓝制服。后来，第一个工人成了工头，第二个工人已经退休，而第三个没穿工地制服的工人则成了建筑公司的老板。年轻人，你明白这个故事的意义吗？”

少年满脸困惑，听得一头雾水，于是承包商继续指着前面那批正在鹰架上工作的工人对男孩说：“看到那些人了吗？他们全都是我的工人。但是，那么多的人，我根本没法记住每一个人的名字，有些甚至连长相都没印象。但是，你看他们之中那个穿着红色衬衫的人，他不但比别人更卖力，而且每天最早上班，也最晚下班，加上他那件红衬衫，使他在这群工人中显得特别突出。我现在就要过去找他，升他当监工。年轻人，我就是这样成功的，我除了卖力工作，表现得比其他人更好之外，我还懂得如何让别人‘看’到我在努力。”

职场上竞争无处不在，通常人们以为只要自己足够努力，就能在竞争中脱颖而出。但实际上，千万不能以为只有你一个人在拼命工作，其实每个人都很努力！因此，如果想要在一群努力的人中出类拔萃，除了比别人做得更好之外，还要靠其他的技巧和方法。

最好的办法之一，就是找出自己与众不同的特质，将你的努力用在发挥这些特质上，如此一来，即使做的是相同的工作，你也会比别人更耀眼，更有可能获得成功的机会。竞争中的小技巧，有可能成为你成功的强力催化剂。

无独有偶，唐朝第一猛将薛仁贵，就是凭着这样的技巧，得到了唐太宗李世民的赏识与重用。

贞观十九年，唐太宗李世民亲自出征高丽。高丽闻风，派大将高延寿和高惠真率领军队15万前来应战。唐太宗设计将高丽的军队诱至安市城东南八里，双方在此开展了一场生死决战。

高丽军队庞大，唐太宗为了鼓舞本国部队的士气，亲自选了一处高地观战。双方刚一接阵，就见唐军中有一小将，身穿一件耀眼的白袍，手中握着一支戟，大吼着杀入敌人的方阵。敌将见此阵势，不由得惊慌失措，正要分兵迎战，但是阵形已被那员小将冲乱，士卒四散逃逸。唐军就在那员小将的后面冲杀过去，高丽军队顿时溃败。唐军大获全胜。

战斗结束后，唐太宗问那员小将是谁，有人回答道："是薛仁贵。"于是唐太宗当即接见了薛仁贵，见他浑身是胆，便将他加封为右领军郎将，并赐给他很多马匹。

从那以后，薛仁贵带兵南征北战，立下了很多汗马功劳，他本人也深得唐太宗的赞赏，一再提升官职，最终成为了唐朝最有名的大将军之一。

上面讲的承包商给少年的建议以及薛仁贵的技巧，在博弈中都可以叫做"少数者策略"，也就是想方设法让自己在团队中显得与众不同，以大大提高自己被领导注意的机会，赢得竞争的胜利。毕竟，在激烈的竞争中，没有特别的技巧是很难脱颖而出的。

决胜宝典

现代社会的竞争，其实大多都是智慧的竞争。一个拥有智慧的人，只要肯将自己的智慧运用到现实中，就能够在日益激烈的社会竞争中拥有自己的一片天地。因此，在竞争中采取智取的办法，往往会更加令领导高看，当然也就更加接近成功。

第10章

Chapter Ten

协和谬误：有舍才有得

舍得，是人生的一种境界。“舍得”二字，也辩证地道出了二者的关系，即有舍才有得。从来不肯舍弃的人，很难有真正的“得到”；相反，不计较得失的人，才更有获得的资本。取舍之间，优劣互现。

不要为打翻的牛奶哭泣

虽然我们每天都在追求拥有更多，但是每个人的能力和承受力都是有限的。我们不可能得到世界上所有美好的东西，同样不能保证属于自己的东西永远都不会失去。人生在世，有得必有失，正确看待得失，不要为打翻的牛奶而哭泣。

在纽约，中学教师保罗博士曾给学生上了一堂难忘的课。这个班的许多学生为过去的成绩感到不安。一天保罗上课时，突然，一巴掌将放在桌上的牛奶打翻在水槽中，同时大喊一声“不要为打翻的牛奶哭泣”，然后叫学生到水槽前仔细看一看并说：“我让你们记住这个道理，牛奶已淌光了，无论你怎样后悔抱怨，都无法取回。我们现在能做的就是把它忘记，然后注意下一件事。过去已经过去，我们为过去哀伤遗憾，除了劳心费神，于事无补。要想发挥潜能，取得学业的成功，必须勇于忘却过去的失误和不幸，照着莎士比亚的诗去体会‘聪明的人永远不会坐在那里为他们的损失而悲伤’。”

的确，当你开始为那些已经过去的事而忧愁的时候，请你记住：不要为打翻的牛奶而哭泣。

甘地生前有一次外出，在火车将要启动的时候，急匆匆地踏上车门，不小心一只脚被夹了一下，鞋子掉在了门外。火车启动了，他没有犹豫，随即将另一只鞋脱下来，也扔出窗外。一些乘客不解地问他为什么要把另一只鞋也丢掉，甘地说：“这一只鞋无论多么昂贵，对我而言已经没有用了。如果一个穷人正好从铁路旁经过，他就可以得到一双鞋，而不是一只。”

事情看起来并不惊天动地，甚至是很随意的一个举动，却能勾起我们的许多联想，得到许多有益的启示。甘地在失去一只鞋子后，马上就把另一只鞋子也扔了出去。他在自己失去时还能立刻想到别人的“拥有”。他不仅仅成全了一双鞋子，同时也可能完成了一个光脚人拥有鞋子的心愿。作为普通人，我们如果丢掉一只鞋子以后，便会产生一种幽怨的情绪，甚至也知道留着另一只也没用不如将其扔掉，但不可能产生甘地那样的想法或者做出甘地那样的举动。这就是伟人和凡人的不同。

甘地这一举动的另一可贵之处还在于，他在丢失一只鞋子时，并没有表现出惋惜的情绪。的确，鞋子这时已经丢掉了，不管多么好的鞋子，为其去惋惜甚至悲伤都是很不值得的，即使再悲伤，鞋子也不会自己回来。这时的鞋子，就像那杯打翻的牛奶，就应该让它在自己的回忆中成为过去，而不要再无谓地影响自己的情绪，甚至影响下一件事情。

从前，在一座美丽的大山中有一座与世隔绝的小村子。一天，一位年轻人打算外出去闯天下，但他不知道他将面临的是怎样的一个世界，便去问村中的一位老者。据说，那个老者曾经在外闯荡了三十多年。老者送给年轻人两个信封，一个可以在走出大山时打开，一个需在将来回到村子时打开。

年轻人在走出大山时，打开了第一个信封，里面只有一张薄薄的纸，上面写着三个遒劲有力的大字：不要怕。看罢，年轻人的脸上充满了自信，迈着坚实的脚步走向那个未知的世界。

三十年后，已步入中年的年轻人终于回到了家乡。他的脸上写满了沧桑，当年的老者早已故去。他打开了另外一个信封，同样薄薄的纸上依旧写着三个大字：不要悔。

“不要怕，不要悔”，简简单单的六个字告诉我们：在人生的不同阶段我们该如何面对人生。年轻时，我们要充满勇气和自信去面对各种挑战，无论遇到怎样的磨难，都不必害怕，因为我们可以随时修正自己。而当一切成为过去，我们也不必后悔，因为从中我们已获得了丰富的人生经历，无论是好是坏。

不要怕是一种自信，而不要悔却是一种智慧。一个人的一生会经历很多风雨，也会失去很多心爱的东西，有时甚至是自己无知的错误造成了心爱之物的遗失。对于这种情况，很多人会在很长的时间里无法释怀，甚至长期活在阴影中。其实这完全是没有必要的，一来，失去的东西已经成为了过去，再去后悔也不可能挽回；二来，“塞翁失马，焉知非福”，在我们失去某样东西时，我们很可能已经得到了另外一件东西，所以完全没有必要追悔、惋惜。如果已经失去某样东西，或者陷入某种错误的局面，那么就要及时抽身，阻止事态的恶化，这就是协和谬误所要传达的博弈智慧。

一位母亲让自己的孩子到商店里买酱油，她给了孩子五角钱和一只碗，叮嘱他要买5角钱的酱油，装在碗里小心地拿回来。孩子十分听话地走了。

到了商店，孩子把钱交给了售货员，端着碗请售货员把酱油装到碗里。售货员舀出5角钱的酱油，慢慢地往孩子捧的碗里倒去，谁知道当碗已经装满时，还有一点酱油没有装下。这时，孩子“灵机一动”，对售货员说：“碗底还可以装一点，我把碗翻过来，就装到碗底吧。”售货员听了哭笑不得，但他还没来得及阻止，那孩子已经把碗翻过来了，全然不知酱油已经倾洒在地上，仍然举着碗，等售货员将最后一点酱油装到碗底。

售货员见酱油已洒，知道再说也无意义，于是只好将最后一点酱油装到碗底。孩子高高兴兴地捧着碗回家了。

回到家后，妈妈见状不由惊道：“5角钱就买了这一点酱油吗？”孩子笑呵呵地说：“当然不是，碗的另一面里还有很多呢，不信你看。”说着，孩子将碗翻了过来，这下，碗底的一点酱油也洒光了。

妈妈见状，十分生气，抓起孩子就打了起来。孩子年幼，那经得起这样的打，没两下便哇哇哭了起来。这时，孩子的爸爸回来了，见到孩子在挨打，不由也火了起来，对着孩子的妈妈就是一顿吼叫，吼完就抱起孩子夺门而去，剩下孩子的妈妈一个人坐在地上，不知如何是好。

其实，在小孩子的世界里，常会发生一些想当然的事情，他们的天真，更是让一些类似于“愚蠢”的行为层出不穷。当孩子做错事情时，家长应该以教导为主，告诉孩子下次应该怎样做出正确的行为。这样，既不会伤害了孩子，也不会让自己大动肝火地生气。在上面的故事中，如果在孩子回来时，妈妈发现酱油已经洒了，不再为此责怪孩子，并亲自向他讲解错在何处，那么相信孩子下次就不会犯同样的错误，也不会有后面一连串的家庭矛盾出现了。

在生活中，无论对待什么事情，都要保持一颗平静、明智的心，要懂得逝去的无法挽回，重要的是下一次应该怎样做，而不是为逝去的财富或风景哭泣。

决胜宝典

有这样一句话："一个人是否快乐，并不在于他所拥有得多，而是在于他计较得少。多是负担，是另一种失去；少非不足，是另一种有余。舍弃也不一定是失，而是另一种更宽阔的拥有。"因此，我们不应因为失去某样东西而过分悲伤，换个角度来看，也许我们得到了更多的东西。

舍小顾大是一种智慧

很多时候，我们不能鱼与熊掌兼得，而必须在某些事物中选择放弃一些，得到另外一些。那么，具体应该“舍谁、得谁”呢？答案当然是舍小顾大。只有愚蠢的人，才会为了捡一粒芝麻而丢掉整个西瓜。

成功的道路永远不是一帆风顺的，我们总会遇到这样那样的非常时刻，这时，我们就需要权衡利弊，果断地放弃某些利益，以求得长远的发展。比如，为了工作上的发展，我们可以放弃一时的休憩；为了全家的欢愉，我们可以暂时放弃自己不必要的应酬；为了身体健康，我们可以推开手中的工作，外出游玩放松一下身心……

传说在东南地区，最珍贵的物品当属荆山的鹿脐，人人都想得到它。因此，荆山地区经常有人追捕鹿，一旦看到就紧追不放。而令人惊奇的是，当鹿实在被追得无路可逃时，竟会把身上的脐挤出来，扔到树林里。这样，追捕的人得到了想要的鹿脐，也就不会再穷追不舍了，鹿就能趁此机会逃脱。

鹿敢于舍弃自身的小利，以求保住自己性命，这种勇气实在令人佩服。而最令人震惊的，是鹿竟然懂得舍小顾大的智慧。连一个智商并不高的动物尚且如此，拥有高智商的人类就更应该明白这个道理了。

一个傍晚，猎人为了追赶一只被打伤的野兔而独自闯入山林，在他即将捉到野兔的同时，一只正在寻食的恶狼出现了。

恰在此时，猎人的弹药已经用完了，他知道，凭他一个人的力量是很难战胜狼的。于是，他掉头就逃。

狼已经饿了一天，是绝不会轻易让他从口中逃跑的。人在前边，狼在后边，都拼命地跑着。突然，狼一口咬住了猎人的一条腿，狼的身体也掉进了陷阱。

猎人死死地抱着一棵树，狼死死地咬住猎人的那条腿。如果他松开手，他就会和狼一块掉进陷阱；如果他这样死死地和狼耗着，不仅力气很快就要耗尽，凭他狩猎几十年的直觉，他感到狼群很快就要来了。

最好的办法就是把狼打死，可狼的整个身体已没入陷阱，猎人是打不着它的。于是，猎人从腰中抽出了那把手锯，一只手搂住小树，一只手去锯自己的腿。

腿断了，狼和那条腿一起掉入了陷阱。猎人拖着一条腿安全地离开了。

一条腿显然没有生命来得重要，猎人在紧急时刻依然能够理智而快速地作出选择，将自己的一条腿割断，保住了自己的性命。其实，在自然界中我们也经常会看到这样的现象：壁虎、蜥蜴之类的小动物遇到天敌时也经常把自己的尾巴斩断以求自保。只不过它们的尾巴断了会再长出来，而猎人的不会。正是由于这样，猎人的勇气和智慧才更令我们折服。

经济法中有一条著名的法则，叫做“鳄鱼法则”。其原意是假定一只鳄鱼咬住你的脚，如果你用手去试图挣脱，鳄鱼便会同时咬住你的脚与手。你越挣扎，就被咬住得越多。所以，万一鳄鱼咬住你的脚，你唯一的办法就是牺牲一只脚。譬如在股市中，鳄鱼法则就是：当你发现自己的交易背离了市场的方向，必须立即止损，不得有任何延误，不得存有任何侥幸。

除了在经济交易中，这个法则在日常生活中也十分具有指导意义。当你知道自己犯错时，立即了结出场！不可再找借口、期待、祷告或采取其他任何动作，赶紧离场……不要试图调整、避险或其他无谓的措施，唯一能做的就是离开，让损失由此终止。

从前有个人以偷为生。小偷的儿子有天对爸爸说：“爸爸，我要像你一样以偷为生，你教我怎么偷东西吧！”小偷看着儿子那副尖嘴猴腮的模样，好逸恶劳的个性，心想若不学偷，这个孩子日后或许会饿死，便答应了。

一天晚上，小偷带着儿子到了一幢大房子前，在墙上挖了个洞，爬进大房子。他们找到储存间，小偷便叫儿子进去找些值钱的东西。儿子一进去，小偷便在外面将储存间的门锁上了，同时跑到天井大喊大叫，吵醒这家人。随即，小偷便从墙上的洞溜了出去。这家人知道遭了盗窃，全家都出来查看。当他们看到墙上的洞，便以为小偷已经溜走了。此时主人便叫佣人点上蜡烛到储存间看看不见了什么。小偷的儿子在储存间千万遍地咒骂他的爸爸，当他听到有人要到储存间查看，更是吓得腿都软了。但他没有什么办法，只好躲在储存间的门后。佣人一打开储存间的门，小偷的儿子便冲出来，一口吹熄蜡烛，推开佣人，拔腿就跑。这一家人便大呼小叫地在后面开始追。在逃跑的路上，他看到有口池塘，便把自己刚才在储存间拿到的所有财物全丢到池塘里。在这家人围在池塘边寻找“尸体”的时候，小偷的儿子已回到家里。

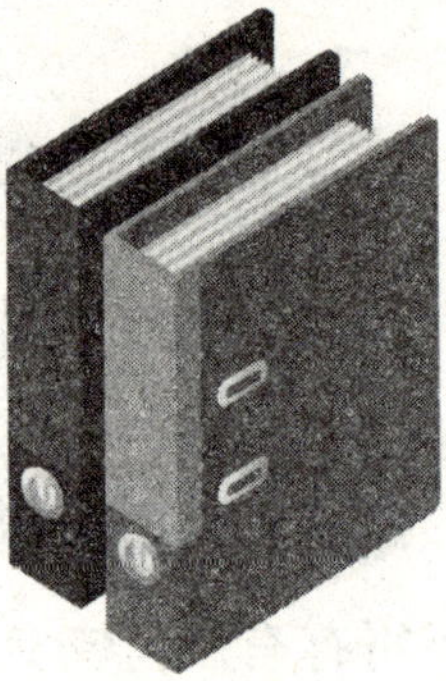

他正想指责爸爸的残忍，爸爸已先开口了：“儿子，告诉我你是怎么回来的？”

听完儿子的讲述，小偷说：“孩子，你已学会怎么偷东西了。”

原来，父亲要教儿子的是，小偷的本事不在偷，而在于危急的时候怎么逃。

在这个故事中，虽然父亲并没有教儿子好好做人，但却教给了他一个正确的道理，那就是，当人身安全受到威胁时，无论身边有什么宝物都不能贪婪，而应毫不犹豫地舍弃，以使自己最大限度地减轻负担，伺机逃跑。对于小偷来说，再值钱的宝物，也比不上自己的性命宝贵。

舍小顾大是一种智慧，但遗憾的是，很多人往往被眼前的蝇头小利所动，只顾眼前，而忘记了长远考虑，最终因小失大，得不偿失。

国王查理三世准备拼死一战了。里奇蒙德伯爵亨利带领的军队正迎面扑来，这场战斗将决定谁统治英国。

战斗进行的当天早上，查理派了一个马夫去备好自己最喜欢的战马。“快点给它钉掌，”马夫对铁匠说，“国王希望骑着它打头阵。”“你得等等，”铁匠回答，“我前几天给国王全军的马都钉了掌，现在我得打点儿铁片来。”“我等不及了。”马夫不耐烦地叫道，“国王的敌人正在推进，我们必须在战场上迎击敌兵，有什么你就用什么吧。”

铁匠埋头干活，从一根铁条上弄下四个马掌，把它们砸平、整形，固定在马蹄上，然后开始钉钉子。钉了三个掌后，他发现没有钉子来钉第四个掌了。“我需要一两个钉子，”他说，“得需要点儿时间砸出两个。”“我告诉过你我等不及了，”马夫急切地说，“你能不能凑合？”“我能把马掌钉上，但是不能像其他几个那么结实。”“能不能挂住？”马夫问。“应该能，”铁匠回答，“但我没把握。”“好吧，就这样，”马夫叫道，“快点，要不然国王会怪罪到咱俩头上的。”

两军交上了锋，查理国王冲锋陷阵，鞭策士兵迎战敌人。“冲啊，冲啊！”他喊着，率领部队冲向敌阵。远远地，他看见战场另一头自己的几个士兵退却了。如果别人看见他们这样，也会后退的，所以查理策马扬鞭冲向那个缺口，召唤士兵掉转头战斗。

他还没走到一半，一只马掌掉了，战马跌翻在地，查理也被掀翻在地上。

查理还没有抓住缰绳，惊恐的马就跳起来逃走了。查理环顾四周，他的士兵们纷纷转身撤退，敌人的军队包围了上来。

他在空中挥舞宝剑。“马！”他喊道，“一匹马，我的国家倾覆就因为这一匹马。”

他没有马骑了，他的军队已经分崩离析，士兵自顾不暇。不一会儿，敌军俘获了查理，战斗结束了。

人们在评价这场战役时，往往说查理国王所有的损失都因为一颗钉子。而从博弈学的角度来看，其实是查理不懂得舍弃的道理，才执意要选择一匹没有做好准备的马上战场。为了骑一匹马这件小事，查理丢掉了自己对整个国家的统治权。

决胜宝典

舍小顾大，在关键时刻舍弃局部利益顾全大局，必要时想方设法全身而退，而不是没有把握地蛮干。追求完美的人，最终的结局只能是完全失掉自己所拥有的。因此，必要时刻不要过于犹豫，舍弃小的，才能保全大的。

危机降临时的谐和

在全球化的今天，如何在危机来临时很好地处理，是每一个生存者必备的技能。每个人都应该学习一套完善的危机处理技巧，并懂得如何将损失降到最低，以防止当危机来临时手忙脚乱，顾头不顾尾。

英国一家报社举办一项有高额奖金的有奖征答活动。题目是：在一个充气不足的热气球上，有三位关乎人类兴亡的科学家。热气球即将坠毁，必须丢出一个人减轻载重。三个人中，一位是环保专家，他的研究可拯救无数生命因环境污染而深陷死亡的噩运；一位是原子专家，他有能力防止全球性的原子战争发生，使地球免遭毁灭；另一位是粮食专家，他能够使不毛之地植生谷物，让数以亿计的人们脱离饥饿。

因为奖金丰厚，有大量的应答信件，众说不一。

巨额奖金的最后得主却是一个小男孩，小男孩的答案是——把最胖的丢出去。

“把最胖的丢出去”，这个小男孩的回答，与任何名利、社会地位都无关，而仅仅从事件本身出发，做出了一个最简单的取舍方法。不得不说，在那样的危机时刻，也只有小男孩的这个方法能够最简便、快速地解决问题。因此，我们应该像小男孩一样，在关键时刻要抛开一些纷繁复杂的关系，从最直接的角度给事情一个解决方案。

有一个餐馆的老板在招聘服务员时，问了一个这样的问题："如果你在送餐时，没有拿好托盘，但又救之不及，眼看饭菜就要洒到客人身上了，这时你会怎么办？"

几个参加面试的人面面相觑，他们觉得既然已经救之不及了，就只能眼睁睁地看着餐盘掉下来，那还能怎么办？

最后，餐馆老板给出了正确答案：用尽你最后的力气将餐盘远远扔到砸不到客人的地方。如果周围都有客人，那么就要尽力让餐盘倒向大人，远离小孩；倒向男人，远离女人；倒向人的身体，远离他们的头部。

听完老板的答案，几个参加面试的人不由得心服口服。

从上面老板给出的答案我们可以看出，在危机来临且已经没办法阻止时，我们要做的首先是镇定、冷静，然后仍然要快速地思考危机可能带来的伤害，接着根据具体的情况，试图将这种伤害降到最低，而绝不是眼睁睁地看着危机侵袭自己和周围的每一个人。

从前有位国王有一个特殊的避讳，他规定别人在自己面前参加宴席时都不准翻动菜肴，否则一律处斩。本国的使臣们了解国王的这个避讳，无论什么时候在国王面前入宴，都不会翻动菜肴。

有次一位外国使臣奉命前来为这位国王送寿礼，国王设宴盛情招待了这位使者。宴会期间这位使臣因不了解规矩用筷子翻动了盘子中的一条鱼，群臣看到后无不惊呼，并都劝国王不能受此侮辱，应当将使臣处死。

国王虽然也因自己的规矩被人违背而生气，但由于这是别的国家的使臣，因此他也感到左右为难，但最后还是下达了命令。

不过，看在两国的友好关系和这位使臣事先不知的分上，国王答应在其临死时可以满足他除了求生之外的任何要求。这位使臣听后说：“我希望国王能把看见我翻那条鱼的人的双眼挖下来。”国王听后十分吃惊，急忙发誓说自己没有看到，只不过是听信他人的传言信以为真，于是便问身边的群臣和士卫谁看到了这位使臣翻鱼，结果众人都摇头佯装不知，使臣见此情景后笑着说：“既然没有人看到我翻那条鱼，那就让我们继续吃饭吧！”

这位聪明的使臣在生死之间抓住了一根救命稻草，那就是通过国王要满足他的条件爬上了岸，挽救了自己的性命。

与此还有一个类似的故事。

有位放高利贷的债主到一位贫困的老农家去讨债，他看上了老农青春年少的女儿，便提出了用老农女儿来抵债的条件。老农虽然穷，但对自己的女儿却是疼爱有加，听后自然不肯。

这位狡猾的债主见强取不行，便又故作仁慈地想出一个歪点子，他提议在一个空钱袋里放入黑白石子各一颗，然后让老农的女儿伸手去选，如果选中的是黑石子她就要嫁给债主，如果是白石子她就可以逃过一劫，而且债务还可一笔勾销。虽然老农不愿让女儿去冒险，但女儿为了父亲，甘愿冒险赌一次，她答应了这个条件。聪慧的女孩在债主拣起石子的刹那，发现他选的竟然全是黑的，但是女孩并没有在当时就拆穿债主的诡计，而是眉头一皱，计上心来。

这个女孩开始摸了，她装作摸了半天，才决定是哪一颗，然后摸出石子的时候以一副漫不经心的姿态故意将其掉在了地上，而且还正好落到了路旁的一堆石子中间，根本让人分不出是哪一颗了。而后，她十分抱歉地说："我真是不小心，虽然我摸到的那颗看不清了，但现在只需看看袋子里剩下的这颗石子是什么颜色就知道我的选择了。"

自然，最后债主在这场阴谋中搬起石头砸了自己的脚，而这位女孩靠自己的聪明才智挽救了一家。

人们在遇到危机时，往往会由于恐慌，无暇静下心来想个好办法，甚至连平时的常理思维都很难维持，因此，很多人在面对危机时会表现得十分紧张，无所适从，因为他们想不出好的办法，知道自己已经没有脱离困境的机会了。而这个聪明的女孩，则能够在危机来临时仍然保持冷静的态度，并且积极思考问题，勇于在遇到危机时打破常规，换个角度来看问题，于是逢凶化吉，把最险恶的危机变成最有利的结局。

我们在日常生活中，当危机降临时，一定要先冷静下来，千万不可冲动以至于失去理智，要用自己的智慧和勇气认真地分析危机出现的原因，积极地思考问题，敢于打破常规思维，从另一个角度想问题，采取逆向思维的方式及有效的措施，隔离危机，把必然要发生的损失减少到最小的程度。

决胜宝典

危机并不可怕，可怕的是让危机乱了自己的心态。紧急时刻心态十分重要，有了冷静的心态，才能理智地思考出此时应如何取舍、如何将危机处理稳妥、如何将损失降到最低。懂得处理危机的人，就是能在当代社会占有一席之地的人。

吃点亏也是福

贪欲常常控制着人们的思想和行为。在面对抉择时，很多人难以从几种事物之间分出取舍，因为他们哪个都想要，但却又没有那么多的选择权。面对这种情况，有人选择吃点亏，以留住日后的福；而有人却坚持“一个都不能少”，最后只能为了小利而吃大亏。

在日常生活中，人们大多喜欢占点小便宜，而很少有人愿意吃亏。其实，如果能换个角度看问题的话，你就会发现，吃亏也是一种“福”，且不说“吃一堑长一智”——吃点小亏能让自己收获更多的经验，从而在以后的生活中避免吃大亏；单是吃小亏换来的人们的欣赏与尊重，就比占小便宜更有价值；更何况，有时吃点小亏，没准还能让自己以后得了大“福”。

美国第九届总统威廉·哈里逊出生在一座小镇上，从小他的家中就很穷，所以他每天都要和一群穷孩子一起到街上找临时工来做，赚点钱贴补家用。

一次，在临街的一家酒馆里，几个人酒过三巡，就想找几个穷孩子开心，他们又要玩丢钱的游戏了。这是这个小镇很经典的游戏，就是向大街上丢一些5分和10分的硬币，然后看一群穷孩子来抢，以此来解闷。

“快看啊，那个傻孩子小威廉又来了。听说他傻得都不知道多少了，每一次别的孩子都去抢10分的硬币，只有他去拾5分的。”一个酒鬼喊道。

“哪有这么傻的孩子，我不信！”另一个酒鬼不相信地说。

“不信你试一试？”

“试试就试试。那我就来看看这个孩子是不是真的傻。”说着掏出一把5分和10分的硬币抛出去。

小威廉停下了，然后蹲下来，把所有的5分硬币都拾起来就走了，那些10分的硬币，他就像没看到一样。看热闹的人一片笑声：“这个傻小子真是太傻了！”

时间长了，小威廉的爸爸脸上挂不住了。他对儿子说：“我们倒不在乎那几个小钱，但我也不想有一个傻儿子。为什么你不捡那些10分的？你难道不知道10分比5分的更多一些吗？”

“我当然知道，爸爸。”威廉不紧不慢地回答说，“不过，如果我拿了那个10分的，恐怕再也没有人有兴趣扔钱给我了。”

就是个被人称为傻子的小威廉，长大后竟成了美国的第九任总统。

生活中吃亏的例子很多，吃亏的人也很多，所不同的是，有些人知道自己吃亏了，并且心甘情愿地去吃；而有些人则是被迫吃亏，甚至吃完亏了自己还不知道。这两者谁聪明谁愚蠢，很明显就可以分出来了。

小威廉就是一个知道自己吃亏、自愿吃亏并且乐于吃亏的人，这样做虽然在外人看起来很傻，但小威廉实际上并不真傻，而是大智若愚。他用自己的智慧，将这种“亏”偷偷地转化成为一种“便宜”，从而源源不断地享受这种“赠与”，可见，吃亏的并不是小威廉，而是那些取笑他、不断地掏出钱来“愉悦”自我的人。

森林中有一只老虎和一群野狼，平时各自觅食，各不侵犯。一次，老虎看到草原上有一大群肥羊，它不禁流出了口水，想把这些羊一网打尽，带回自己洞里慢慢享用。但是老虎是孤身奋斗，而羊却有一群。老虎想自己可能没有办法将所有的羊捕获，于是它想到了那群野狼。

老虎找到了那群野狼，告诉了它们这个诱人的消息，野狼们当即同意和老虎一同去捕捉羊群。结果，果然不出老虎所料，在那群野狼的帮助下，肥羊一个都没有跑掉，全部被捕获了。

但是，在如何分配战利品这个问题上，老虎和那群野狼发生了争执。老虎认为，羊群是自己发现的，消息也是自己提供的，如果没有自己，野狼连一头羊都不会得到，因此自己应该得到最少一半的肥羊；而野狼们则认为，虽然消息是老虎提供的，但是如果没有自己家族的帮助，老虎或许只能抓到一两只肥羊，而不可能将所有羊都捕获，更何况自己这边的成员多，而老虎只有一个，因此为了公平，自己的家族应该拿到大部分。

两方争执不下，老虎不由得怒上心来，拿出了森林之王的凶狠。这时，野狼们都有些害怕了，但有一只野狼却仍然不服，还在气势汹汹地同老虎叫板。老虎一下子跳起来，咬掉了这只野狼的耳朵。另外有一只野狼见状，连忙上前笑着向老虎赔礼道歉，这才避免了双方的血腥大战。

最后，野狼们还是按照老虎的要求，给了它一半的肥羊。

在这个寓言故事中，两只野狼截然不同的态度，向我们表明了一个深刻的道理：强大的敌人总是有着强壮的内心，与之交涉，最好的办法就是尽量避免冲突，哪怕吃一点亏，也不能激起对方心中的怒气，否则最后只能落个一无所有的结局，或者两败俱伤的惨景。

其实，虽然老虎比较凶猛，但却势单力薄，野狼联合起来死拼的话，不一定会输给老虎。第一只野狼也许正是怀着这样的心理，才敢肆无忌惮地跟老虎对峙；第二只野狼也并非就认为自己的家族打不过老虎，但它却十分理智，宁愿少要一些羊肉，也不能跟这个森林之王起正面冲突，否则很有可能将一场好好的合作和美美的午餐，变成同伴血肉模糊的伤口。因此，如果说第一只野狼有的是勇气，那么第二只野狼拥有的就是一种“吃亏”的智慧。

与吃亏相反的是占便宜。有些人天生贪婪，总是希望得到不属于自己的东西，而一旦占到了便宜时，又想赖着不走，以便占更多的便宜。这样的人，最终的结局只能是吃大亏。

猴子的嘴巴很馋，最喜欢吃玉米种子和玉米穗。因此，春天时农民伯伯刚刚将玉米种子播入地里，猴子就会到地里挖出来吃掉。玉米苗刚刚露出地面，猴子也会连苗拔起，吃掉根部的种子。当玉米扬花吐缨时，猴群还会出来破坏，它们掰开一个玉米穗，吃上一两口就扔到一旁，又去掰另一个品尝。于是一片玉米地被猴子糟踏得不成样子。农民伯伯无奈，只好在田地旁边搭起草棚看护庄稼。然而猴子又十分聪明，它们随时监视农民伯伯的一举一动，一旦找到他疲乏睡觉的可乘之机，便前往偷吃庄稼。人们见搭棚守护也很难保护庄稼，便在田头放了个大木笼，并在里面放了猴子最爱吃的食物，以便吸引嘴馋的猴子进来，捉住它们。

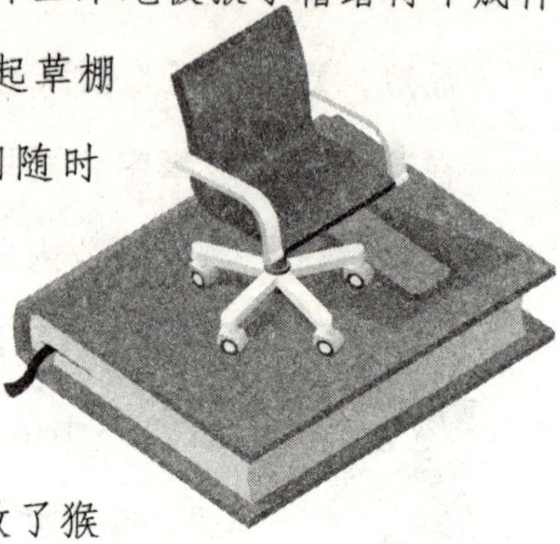

不过，猴子相当聪明，它们不会轻易上当受骗。面对突然出现的大木笼子，它们异常小心警惕。虽然木笼里摆放着香喷喷的美食，但猴子们只是观望，轻易不敢贸然行动。贪吃的小猴见到笼中的食物，馋得直流口水，围着木笼子狂喜跳跃，但还是不敢越雷池一步。一只小猴子忍耐不住，当它跃跃欲试地想要前往时，一只老猴给它一记重重的耳光，吓得它赶忙后退。顾虑重重的老猴用力摇晃木笼子的大栅条，不停地在四周徘徊、观察，但始终下不了去吃木笼内美食的决心。

一晃 7 天过去了，几只老猴先后进入木笼试探，吃喝一顿之后并未发生危险。最后，它们终于确认木笼毫无危险了，于是发出命令，让群猴进入木笼内享用美食。当群猴你争我夺，蜂拥般拥入木笼中以后，预先埋伏在暗处的农民伯伯立即拉动牵线，笼门“咔嚓”一声关闭，群猴终于做了人们的阶下囚。

猴子的贪婪，最终给自己带来了灭亡。由此我们可以得出，占便宜并不一定是好事。聪明的人，往往只会让自己适当吃亏，而绝不会没完没了地占便宜。

决胜宝典

生活中，我们常常会犯一些不应该犯的错误，那就是抓住一些不属于自己的东西不肯放手，或者是面对别人时非常吝啬，不肯付出分毫。其实这并不是理智的财富累积方法，因为你可能在某个时机因不肯舍小利而损失得更加惨重。